与最聪明的人共同进化

CHEERS

HERE COMES EVERYBODY

U0243907

世界头号黑客教你
如何保护隐私

The Art of Invisi-bility

捍卫隐私

[美] 凯文·米特尼克　罗伯特·瓦摩西　著

Kevin Mitnick　Robert Vamosi

吴攀 译

浙江人民出版社
ZHEJIANG PEOPLE'S PUBLISHING HOUSE

献给我慈爱的

母亲谢莉·贾菲（Shelly Jaffe）

和外婆里芭·瓦塔尼安（Reba Vartanian）

无隐私时代，你需要保护你的一切

米科·海坡能（Mikko
Hypponen）

网络安全研究专家，
芬兰网络安全公司
F-Secure 的首席研
究官

几个月前，我遇到了一位自高中以来就没见过面的老朋友。我们去喝了杯咖啡，聊了聊过去几十年各自做了些什么。他做过各类现代医疗设备的分销和售后支持工作，我则解释了自己怎么把过去25 年都花在了互联网安全和隐私的工作上。在我谈到网络隐私时，我的朋友笑出了声。"这听起来很不错，"他说，"但我其实并不担心，毕竟我不是犯罪分子，也没做过什么坏事。我不在乎是否有人看我在网上做什么。"

听见老朋友说隐私对他无所谓，我感到很悲哀。因为我之前已经听过很多次这样的观点了：那些认为自己无须隐藏的人这样说过；那些认为只有罪犯才需要保护隐私的人这样说过；那些认为只有恐怖分子才会使用信息加密的人这样说过；那些认为我们无须保护自己权利的人这样说过。但我们确实需要保护我们的权利。而且隐私不仅会影响我们的权利，它本身也是一项人权。实际上，在

1948 年的联合国《世界人权宣言》中，隐私权就被认定为一项基本人权了。

如果说在 1948 年我们的隐私就需要保护了，那现在当然更加需要。毕竟，我们是人类历史上第一代可以被如此精确地监控的人，可能一生都会活在数字监控之中。几乎我们的所有交流都会以这样或那样的方式被人看到。甚至我们自己也一直随身携带着小型的跟踪设备——只是我们不称其为跟踪设备，而叫它智能手机。

网络监控可以看到你买了什么书、读了什么新闻，甚至能知道文章中哪些部分最让你感兴趣。它能看到你去过哪里以及和谁一起去的。网络监控还知道你是否生病了，是否悲伤难过。现今的许多监控公司都是通过整合这些数据来赚钱的，提供免费服务的公司也可以通过某种方式将这些服务转化为数十亿美元的收入——这也很好地说明了大规模构建互联网用户资料库具有多大的价值。

数字通信使有关部门的大规模监控成为可能，但也让我们可以更好地保护自己。为了保护自己，我们可以使用加密工具，以安全的方式保存我们的数据并遵守作战安全（OPSEC）[①] 的基本原则。我们需要一个指南来告诉我们怎么做才是对的。

现在，指南就在你的手中。我很高兴凯文花时间写下了他关于捍卫隐私的知识。毕竟他还算知道一两件关于"保持隐身"的事情。这是一个很棒的资源。为了你自己好，请阅读这本书并把里面的知识用起来吧。保护你自己，保护你的权利。

---

① 作战安全（Operations Security）是一个源自美国军方用语的术语，指一种确认关键信息的过程，以便确定敌方情报机构是否认为己方的行动友好，并确定对方是否认为所获信息对他们有用，然后选择对应的措施，以消除或减少对手对友好关键信息的利用。——译者注

　　回到那家咖啡馆——我和我的老朋友喝完咖啡后，就各奔东西了。我希望他一切都好，但我有时候还是会想起他说的话："我不在乎是否有人看我在网上做什么。"我的朋友，你可能不需要隐藏什么东西，但你需要保护你的一切。

我们生活在隐私的假象之中

2013 年，供职于美国国防项目承包商博思艾伦咨询公司（Booz Allen Hamilton）的爱德华·斯诺登（Edward J. Snowden）披露了他从美国国家安全局（NSA）拿到的秘密材料。将近两年后，HBO 的喜剧演员约翰·奥利弗（John Oliver）为了拍摄一个关于隐私和监控的节目，前往纽约时代广场对人们进行了随机调查。奥利弗的问题很直接：爱德华·斯诺登是谁？他做了什么？

在奥利弗播出的采访片段中，似乎没人知道答案。即使有时有人说自己记起了这个名字，他们也说不清斯诺登做过什么（或为什么要那么做）。利用在博思艾伦的工作之便，斯诺登复制了 NSA 数千份最高机密，并对文档进行了分类，随后他将这些文档交给了记者，告诉他们可以向全世界公开。奥利弗本可以在让人沮丧的氛围中结束这个关于监控的节目——经过媒体多年的报道，似乎没人关心美国政府在国内进行的间谍活动了，但这位喜剧演员选择了另一个方向。他飞到斯诺登流亡的俄罗斯，进行了一次一对一的采访。[1]

在莫斯科，奥利弗向斯诺登抛出的第一个问题是：你想实现什么目标？斯诺登说，他想让世界知道 NSA 在做什么——它收集了几乎每个人的数据。奥利弗向斯诺登展示了那个在时代广场的采访，其中人们一个接一个地宣称自己不知道斯诺登是谁，斯诺登回应说："好吧，你没法让每个人都知道。"

在斯诺登等人引出这个隐私问题之后，为什么人们没有对其了解得更多呢？为什么人们好像并不在意某些机构监控自己的电话、电子邮件甚至短信？也许是因为 NSA 并没有直接影响到大多数人的生活——至少影响得不具体，人们无法感受到它的侵扰。

但是，奥利弗那天在时代广场发现，当隐私问题真正触及痛处时，人们还是会在意的。除了询问关于斯诺登的问题，他还问了关于隐私的一般性问题。比如，他问，如果有一个秘密的程序可以在人们将私密照片发送到互联网上时进行记录，他们对此有何看法。纽约人的反应同样具有普遍性——只不过这时候变成了都反对它，而且是强烈反对。有一个人甚至承认自己最近发送了一张这样的照片。

在时代广场的这个节目片段中，受访的每个人都认同，在美国的人应该可以在互联网上私密地分享任何东西，而这正是斯诺登的基本观点。

事实证明，这个可以保存隐私图片的虚拟程序并不像你想象的那样遥不可及。正如斯诺登在接受奥利弗采访时所解释的，谷歌这样的公司在全世界都有实体服务器，即使是在美国同一城市的夫妻之间的简单信息（可能包含私密照片），可能也会先在国外的服务器中传递几次。这些数据离开美国，即使只有 1 纳秒，NSA 也可以基于《爱国者法案》^①收集并对其进行存档。因为从技术角度看，这些数据被获取时是从外国进入美国的。斯诺登的观点是：普通美国人也陷入了"后9·11搜索网"（post-9/11 dragnet）中。这原本是为阻止外国恐怖分子而设计的，现在却监视着几乎每一个美国人。

关于某些机构的数据泄露和监视活动的新闻此起彼伏，你可能会认为人们已经怒不可遏了。但实际情况正好相反。很多人（甚至本书的很多读者）现在都在某种程度上接受了这个事实：有人可以看到我们的一切，包括所有的电话、短信、电子邮件、社交媒体。

真令人失望。

也许你没有违法。你过着你心中普通而又恬静的生活，感觉自己在当今网络的芸芸众生中毫不起眼。但相信我：即便如此，你也不是隐身人。至少现在还不是。

我喜欢魔术，一些人可能认为攻击计算机需要一双灵巧的手。让物体隐身就是一种流行的魔术。但这种魔术的秘诀不是让物体真正消失或真正隐形，而是使其隐入背景中、藏在幕布后、躲在袖子里或落入口袋中。

同样，现在每个人都被收集和存储了许多个人细节信息，这往往没有引起人们的注意。大多数人不知道其他人可以多么轻松地查看这些细节，甚至能很轻松地找到查看的地方。不少人觉得自己没有看这些信息，就会想当然地认为他在亲朋、恋人、老板甚至学校面前是隐身的。

问题在于，如果你知道从哪里可以看到这些信息，那么基本上其他

---

① 《爱国者法案》（*Patriot Act*）是2001年10月26日由时任美国总统乔治·沃克·布什签署颁布的国会法案，意为"通过使用适当的手段来阻止或避免恐怖主义以团结并强化美国的法律"。——译者注

任何人都可以获取它们。

　　不管什么时候我在何地演讲、不管听众有多少人，总有人质疑我说的这个事实。有一次，在这样一场活动后，我就被一位记者质疑了。

　　那是在美国的一座大城市，我们坐在一家酒店，那位记者说她从未因数据泄露而受害。因为她还年轻，她说自己名下的资产相对较少，因此记录也很少。她从来不把自己的个人隐私放到她写的故事里或社交网络上——她的社交网络一直保持着专业姿态。她认为自己是隐身的。所以我请她允许我通过网络找到她的社会保障号码①和其他任何个人细节。她勉强同意了。

　　她坐在我旁边，我登录了一个为私家侦探提供服务的网站。因为我有调查全球黑客事件的工作，所以有资格作为私家侦探登录。我已经知道她的名字了，所以我问了问她住的地方。但就算她不告诉我，我也可以从另一个网站上找到答案。

　　几分钟后，我知道了她的社会保障号码、她出生的城市甚至她母亲的娘家姓。我也知道了她曾经住过的所有地方、用过的所有电话号码。她一脸震惊地盯着屏幕，确认所有的信息都或多或少是真实的。

　　我使用的这个网站仅为经过审核的公司或个人提供服务。它收取很低的月费，用户查询任何信息都要被额外收费，还要时不时地对我进行审查，看我进行特定搜索的目的是否合法。但我只需支付少量查询费，就可以找到关于任何人的类似信息。而且这完全是合法的。

　　你之前是否填过网络表单，向把信息放在网上的学校或组织机构提交过信息，或者有被发布到网上的法律案件？如果有，那你就是自愿把

---

①　社会保障号码（Social Security Number，简称 SSN）是美国联邦政府发给本国公民、永久居民、临时（工作）居民的一组 9 位数号码。这组数字由美国联邦政府社会保障局对个人发行。社会保障号码主要的目的是追踪个人的纳税资料，但近年来它已经成为实际上的身份号码。——译者注

个人信息给了第三方，而它们可能会随意使用这些信息。有可能其中一些（甚至所有）信息现在就存储在网上，并且可以被那些以收集互联网上的个人信息为业务的公司获取。比如，Privacy Rights Clearinghouse就列出了超过 130 家会收集你的个人信息的公司（不管是否准确）。

另外，还有一些信息不是你自愿放到网上的，但也会被企业和某些机构收集到，比如我们给谁发了邮件、短信，给谁打了电话；我们在网上搜索了什么；我们购买了什么（不管是在实体店还是在网店）；我们去过哪里，步行还是乘车。每个人每天被收集的数据量都在呈指数级增长。

你可能会认为你无须担忧这些，但相信我：你需要担忧。我希望在你读完这本书时对此会有充分的了解，并且会准备好做点什么。

实际上，我们生活在隐私的假象之中，而且可能已经这样生活了几十年。

有时，当我们的雇主、领导、老师、父母对我们的私人生活有过多介入时，我们可能会感到不安。我们却毫不在意各种小小的数字便利对自己隐私的影响而尽情拥抱它们，所以这种介入是逐渐增长的，要回到原来的样子也会越来越难。有谁会愿意放弃自己的"玩具"呢？

在数字监控状态中，生活的危险其实并不在于数据被收集（我们对此几乎无能为力），而是在于这些数据被收集之后用来做什么。

想象一下，如果一位尽职的检察官拿到了关于你的原始数据点的大量档案，也许是过去几年的数据，他能用来做什么？现今的数据有时候是断章取义地从背景中收集的，而所有的数据都是永生的。即使是美国最高法院的大法官斯蒂芬·布雷耶（Stephen Breyer）也同意这种说法："任何人都难以事先知道什么时候（检察官面前）就会出现一组与某项调查相关的特定陈述"。换句话说，比起某个人发布在社交网站上的你醉酒的照片，你可能还有严重得多的问题。

也许你认为自己没什么要隐藏的，但你能肯定吗？在《连线》（Wired）杂志上一篇饱受争议的文章中，备受尊敬的安全研究者莫西·马琳斯巴克（Moxie Marlinspike）指出，像拥有一只小龙虾这种简单的事情，实际上也是美国的一项联邦罪。"不管你是不是在杂货店买的，即便是有其他人给了你一只，不管它是死是活，如果你在它死于自然原因后发现了它，甚至是出于自卫而杀死了它，你都可能会因为一只龙虾进监狱。"我想表达的是，法律里面有很多没有强制执行的细小条款，你可能会在不知情的情况下违反它们。现在，只需点击几下就可以通过数据痕迹证明你违法了，任何想证明这件事的人都可以办到。

隐私很复杂，它不是用一种方法就能解决所有问题的命题。我们都有不同的理由与陌生人自由地分享一些关于自己的信息，并对我们生活的其他部分保密。也许你只是不希望另一半看到你的状态，不希望你的雇主了解你的私人生活，或者也许你真的害怕某些机构在监视着你。

情况多种多样，所以我在这里不会提供一个适用于所有情况的建议。因为我们对隐私的看法非常复杂，也非常不同，所以我将带你了解什么是重要的（如今暗中进行的数据收集情况究竟是怎样的），然后由你自己决定哪些建议最适用于你的生活。

如果有什么值得一提的话，《捍卫隐私》这本书将让你了解在数字世界中保持隐秘的方法，并提供你可能会选择并采用的解决方案。隐私是一种个人选择，隐身的程度也是，所以最后的选择因人而异。

在本书中，我会假设所有人都处在监控之中，不管是在家里还是在外面——比如你正走在街上、坐在咖啡馆里或在高速公路上开车。你的计算机、手机、汽车、家庭报警系统甚至电冰箱，都是你私人生活的潜在切入点。

当然，除了吓唬你之外，我也有好消息：我会告诉你该如何应对已成常态的隐私泄露问题。

在本书中，你将了解如何：

- 加密并发送安全的电子邮件；
- 通过优良的密码管理、保护你的数据；
- 隐藏你的 IP 地址；
- 隐藏你的计算机，防止被跟踪；
- 保护你的匿名性；
  ……

现在，做好准备掌握隐身的艺术吧。

第三部分

掌握隐身的艺术

THE ART OF
INVISIBILITY

he Art of Invisibility   The Art of
visibility   The Art of Invisibility
he Art of Invisibility   The Art of Invisibility
           The Art of Invisibility   The
rt of Invisibility ▌▌▌

第一部分

人人都该知道的
隐私安全之道

The Art of Invisibility

双因素认证, 化解密码安全的危机	01

詹妮弗·劳伦斯（Jennifer Lawrence）度过了一个艰难的周末。2014年的一个早上，这位奥斯卡金像奖得主与其他一些名人醒来后发现，他们最私密的照片正在互联网上掀起轩然大波，其中很多是裸体照片。

现在，花点时间回想一下当前保存在你的计算机、手机和电子邮件里的照片。当然，其中很多都是完全无害的。就算全世界都看到你那些日落照片、可爱的家庭快照和头发乱糟糟的滑稽自拍，对你来说也无关紧要。但你愿意分享你所有的照片吗？如果这些照片突然全都出现在网上，你会怎么想？所有照片都记录了我们的私密瞬间。我们应该能够决定是否、何时以及怎样分享它们，而云服务并不一定总是我们的最佳选择。

2014年那个漫长的周末，媒体上充斥着詹妮弗·劳伦斯的故事。这是被称为"theFappening"的巨大泄露事件的一部分。在这一事件中，蕾哈娜（Robyn Rihanna Fenty）、凯特·阿普顿（Kate Upton）、凯莉·库柯（Kaley Cuoco）、阿德里安妮·库瑞（Adrianne Curry）及其他近300位名人的私密照片被泄露。这些名人中大多是女性，她们的手机照片通过某种方式被人获取并共享出来。可以预见，尽管有些人会对查阅这些照片感兴趣，但对更多人来说，这是一个让人不安的警示，因为这样的事情也可能会发生在他们身上。

那些人究竟是如何获得了詹妮弗·劳伦斯等人的私密照片呢?

这些名人都使用 iPhone 手机，人们最早的猜测集中于一次大规模数据泄露，这次泄露影响到了苹果公司的 iCloud 服务，而 iCloud 是 iPhone 用户的一个云存储选择。当你的物理设备存储空间不足时，你的照片、新文件、音乐和游戏都会被储存到苹果的服务器上，而且通常只需要少量月费。谷歌也为安卓系统提供了类似的服务。

几乎从来不在媒体上评论安全问题的苹果公司否认这是他们的错误。苹果公司发表了一份声明，称该事件是一次"对用户名、密码和安全问题非常有针对性的攻击"，该声明还补充说"在我们调查过的案例中，没有一项是由苹果系统（包括 iCloud 和'查找我的 iPhone'）的任何漏洞导致的"。

这些照片最早出现在一个以发布被泄露照片而出名的黑客论坛上。在那个论坛上，你可以看到用户在活跃地讨论用于暗中获取这些照片的数字取证工具。研究者、调查者和执法人员会使用这些工具从联网设备或云端获取数据，这通常发生在一场犯罪之后。当然，这些工具也有其他用途。

手机密码破解软件（Elcomsoft Phone Password Breaker，简称 EPPB）是该论坛中被公开讨论的工具之一，该工具的目的是让执法机构和某些其他机构可以进入 iPhone 用户的 iCloud 账号。而现在，该软件正在公开销售。这只是论坛中的众多工具之一，似乎也是最受欢迎的一个。EPPB 需要用户首先拥有目标 iCloud 账号的用户名和密码信息。但对使用这个论坛的人来说，获取 iCloud 用户名和密码并不是什么难事。在 2014 年的那个周末就发生了这种事，某人在一家流行的在线代码托管库（Github）上发布了一个名叫 iBrute 的工具——这是一种专为获取 iCloud 凭证而设计的密码破解系统，几乎可以用在任何人身上。

同时使用 iBrute 和 EPPB，就可以冒充受害者本人将其所有云存储的
iPhone 数据全部备份下载到另一台设备上。这种功能是有用处的，比如
当你升级你的手机时。但这个功能对攻击者也很有价值，他们可以借此
查看你在你的移动设备上做过的一切。这会比仅仅登录受害者的 iCloud
账号提供更多的信息。

取证顾问和安全研究者乔纳森·扎德尔斯基（Jonathan Zdziarski）告
诉《连线》杂志，他对凯特·阿普顿等人泄露的照片进行了检查，结果
与使用了 iBrute 和 EPPB 的情况一致。取得用于恢复 iPhone 的备份能给
攻击者提供大量个人信息，这些信息之后可能会被用于敲诈勒索。[1]

2016 年 10 月，36 岁的宾夕法尼亚州兰开斯特人瑞安·柯林斯（Ryan
Collins）因"未经授权访问受保护的计算机获取信息"被判处 18 个月监
禁。他被控非法访问超过 100 个苹果和谷歌电子邮件账号。

你必须设置一个强密码

为了保护你的 iCloud 和其他网络账号，你必须设置一个强密码（strong
password）。然而，以我作为渗透测试员（靠入侵计算机网络和寻找漏洞
赚钱的人）的经验，我发现很多人在设置密码方面都表现得很懒惰，甚
至大公司的高管也是这样。比如索尼娱乐（Sony Entertainment）的 CEO
迈克尔·林顿（Michael Lynton）就使用"sonyml3"作为自己的域账号
密码。难怪他的电子邮件遭到黑客攻击并被传播到了互联网上，因为攻
击者已经获得了访问该公司内部几乎所有数据的管理员权限。

除了与你工作相关的密码之外，还要注意那些保护你最私人的账号
的密码。即使选择一个难以猜测的密码，也无法阻挡 oclHashcat（一种利
用图形处理器即 GPU 进行高速破解的密码破解工具）这样的黑客工具破

解你的密码，但这会让破解过程变得很慢，足以使攻击者转向更容易的目标。

我们可以大致猜到，2015 年 7 月阿什利·麦迪逊（Ashley Madison）被黑事件曝光的密码中有一些（包括银行账号甚至办公电脑密码）肯定也被用在了其他地方。在网上贴出的 1 100 万个阿什利·麦迪逊密码的列表中，最常见的是"123456""12345""password""DEFAULT""123456789""qwerty""12345678""abc123""1234567"。如果你在这里看到了自己的密码，那么你就很可能遭遇数据泄露，因为这些常见密码都被包含在了网上大多数可用的密码破解工具包中。你可以随时在 www.haveibeenpwned.com 网站上查看你的账号过去是否暴露过。

在 21 世纪，我们可以做得更好。我的意思是要好得多，这要用到更长和更复杂的字母与数字搭配。这可能听起来很难，但我会向你展示能做到这一点的一种自动方法和一种手动方法。

最简单的方法是放弃自己创造密码，直接自动化这个过程。市面上已经有一些数字密码管理器了。它们不仅可以将你的密码保存在一个加锁的保险箱中，还允许你在需要它们的时候一键访问，甚至可以在你需要时为每个网站生成一个新的、安全性非常强的独特密码。

但要注意，这种方法存在两个问题。一是密码管理器需要使用一个主密码进行访问。如果某人刚好用某种恶意软件侵入了你的计算机，而这个恶意软件可以通过键盘记录器（keylogging，一种能记录你的每一次按键的恶意软件）窃取你的密码数据库和你的主密码，那你就完蛋了。然后那个人就会获得你的所有密码。在参与渗透测试期间，我有时候会使用一个修改过的版本来替代密码管理器（当该密码管理器开源时），该版本会将主密码发送给我们。在我们获得客户网络的管理员权限之后，这个工作就完成了。然后我们就可以使用所有的专用密码了。换句话说，我们可以使用密码管理器作为后门，获取进入王国的钥匙。

另一个问题相当明显：如果丢失了主密码，你就丢失了你所有的密码。最终来看，这并无大碍，因为你可以随时在每个网站上进行密码重置，但如果你有很多账号，操作起来就会非常麻烦。

尽管有这些问题，但下面的小窍门应该也足以保证你的密码安全。

首先，你应该使用很长的强密码短语（strong passphrase）——至少有 20 个或至少有 25 个字符，而不是简单的密码。随机字符效果最好，比如 ek5iogh#skf&skd。不幸的是，人类的大脑难以记忆随机序列。所以就使用密码管理器吧，使用密码管理器比自己选择密码要好得多。我倾向于使用开源的密码管理器，比如 Password Safe 和 KeePass，它们只会将数据储存在你的本地计算机上。

另一个重要的规则是，永远不要为两个不同的账号使用相同的密码。如今，基本上做任何事都需要密码，所以就让密码管理器来帮你生成和保存独一无二的强密码吧。

即使你有强密码，仍然有技术可以打败你，比如 John the Ripper 这样的密码猜测程序。这款任何人都可以下载的免费开源程序可以根据用户配置的参数进行工作[2]。比如，用户可以指定尝试多少个字符、是否使用特殊符号、是否包括外语集合等。John the Ripper 和其他密码破解器可以使用规则集来排列密码字符，从而非常有效地破解密码。简而言之，它会尝试参数设定之内的所有可能的数字、字母和符号组合，直到成功破解你的密码。幸运的是，大多数人都不用对抗拥有近乎无限时间和资源的国家机关。我们更有可能要对抗配偶、亲戚或某个我们真正惹恼了的人，而在面对一个有 25 个字符的密码时，他们不会有时间和资源来成功破解。

用隐晦的方式把密码写下来

假设你想按传统的方式创建密码，并且你选择了一些非常强的密码。你猜怎么着？你完全可以把它们写下来，只要别写成"美国银行：4the1sttimein4ever*"就行。这实在太明显了。你可以用某种隐晦的方式来表示你的银行名称等信息，比如使用"饼干罐"（因为有些人曾经把他们的钱藏在饼干罐里面），然后再加上"4the1st"。注意，我没有写完这个短语。你也不需要写完。你知道这个短语的其余部分，但其他人可能不知道。

将这个不完整密码的列表打印出来应该足以迷惑任何找到这个列表的人，至少一开始会迷惑他们。说个趣事：有一次我在一个朋友家，他是一位非常知名的微软公司的员工。吃晚餐时，我们与他的妻子和孩子讨论了密码的安全性。我朋友的妻子起身走向了电冰箱。她把自己所有的密码都写在了一张纸上，并且用磁铁将其贴到了电冰箱门上。我的朋友只是摇了摇头，我咧嘴一笑。把密码写下来可能不是一种完美的方案，但忘掉那些不常用的强密码也不好。

密码字符最好超过 25 位

银行等机构的网站会在几次（通常是 3 次）密码输入错误之后锁定用户。但仍然有很多网站不会这样做。不过，就算一个网站在 3 次尝试失败之后会锁定用户，也无法阻挡那些坏人，因为这并不是他们使用 John the Ripper 或 oclHashcat 的方式。（顺便说一下，oclHashcat 会将入侵过程分布到多个 GPU 上进行，这比 John the Ripper 要强大得多。）而且在一个真实的网站上，黑客实际上并不会尝试每一个可能的密码。

假设已经出现了一起数据泄露事件，在其数据转储中包含用户名和密码。但从这次数据泄露中检索到的密码基本上都是毫无意义的。

这将如何帮助其他人入侵你的账号呢？

无论是解锁你的笔记本电脑还是登录一个在线服务，不管什么时候你输入了密码，这个密码都会通过一个被称为哈希函数（hash function）的单向算法传递。这不同于加密。加密是双向的：只要你有密钥，就可以加密和解密。而哈希是一种表示特定字符串的指纹。理论上而言，单向算法无法逆向进行，至少不容易进行。

存储在你的传统个人电脑（PC）、移动设备或云账号的密码数据库中的内容并非"MaryHadALittleLamb123$"这种形式，而是哈希值，这是一种由数字和字母构成的序列。这个序列是一个表示密码的令牌。

实际上，存储在我们的计算机里受保护的存储器中的正是这种密码哈希，而非密码本身；目标系统遭到破坏时攻击者获得的数据，或数据泄露发生时被泄露的数据也是密码哈希。一旦攻击者获得了这些密码哈希，就可以使用 John the Ripper 或 oclHashcat 等各种各样公开可用的工具来破解这些哈希并获得真正的密码，方法既有暴力破解（尝试每一个可能的字母数字组合），也有尝试一个词列表（比如一个词典）中的每个词。John the Ripper 或 oclHashcat 让攻击者可以基于多个规则集修改要尝试的词，比如名叫 leetspeak 的规则集是一个用数字替代字母的系统，如"k3v1n m17n1ck"。这个规则会将所有密码变成各种 leetspeak 排列。使用这些方法破解密码比简单的暴力破解要高效得多。最简单和最常见的密码也是最容易被破解的，然后随着时间推移，更复杂的密码也会被破解。破解所需的时间长短取决于多种因素。如果同时使用密码破解工具以及你泄露的用户名和哈希密码，攻击者也许可以通过尝试与你的电子邮箱地址或其他身份标识相连接的其他网站的密码，来获取你的一个或多个账号的权限。

　　一般而言，你的密码字符越多，John the Ripper 等密码猜测程序运行所有可能的变体所需的时间就越长。随着计算机处理器的速度越来越快，计算所有可能的 6 位甚至 8 位字符密码的时间也变得越来越短。这就是我建议使用 25 位或更多字符作为密码的原因。

密码、图案、指纹，哪个才能保护好你的移动设备

　　创造出强密码后，其中很多是你永远不会告诉别人的。这似乎是显而易见的事情，但在伦敦和其他主要城市进行的一些调查表明：人们会用密码来换取笔或巧克力这些微不足道的东西。

　　我有一个朋友曾经把自己的奈飞（Netflix）密码分享给了他的女友。那时候这么做是有理由的。让女朋友选择一部两人一起观看的电影会令她很高兴。但在奈飞电影推荐部分还留着"因为你看过……"而推荐的电影，其中就包括他和前女友们看过的那些。比如他自己就不会订阅电影《牛仔裤的夏天》（*The Sisterhood of the Traveling Pants*），而他的女朋友知道这一点。

　　当然，每个人都有前任。你可能会怀疑你是否在和一个没有前任的人谈恋爱。但每个女朋友都不愿意看到那些在她之前已经离开的人留下的证据。

　　如果你用密码保护着你的网络服务，那么你也应该用它来保护你的各种设备。大多数人都有笔记本电脑，而且许多人仍然拥有台式机。现在你可能一个人在家，但一会儿晚餐时会不会来客人呢？为什么要冒险让别人只需坐在你的桌子前动动鼠标，就可以访问你的文件、照片和游戏呢？再补充一个关于奈飞的警示故事：在奈飞主要租赁 DVD 的时代，我知道有一对夫妇被恶搞了。在家里的一次聚会上，他们登录了奈飞账

号的浏览器一直开着。后来，这对夫妇通过邮件收到了各种各样粗制滥造的 B 级片和 C 级片，才发现这些电影已被添加到了他们的队列中。

在办公室里保护你的密码甚至更加重要。想象一下你被临时叫去开会的情况。可能会有人走到你的办公桌前，来看看下一季度预算的表格，或者你收件箱里的所有电子邮件。除非你有一个设置了密码保护的屏保，并且让它在几秒钟没有操作之后就自动开启，否则还可能出现更加糟糕的情况——不管什么时候，你离开桌子一大段时间（外出午餐或长时间开会），某人都有可能坐在你的桌子前，冒充你写了一封邮件发出去，甚至篡改了你下一季度的预算。

为了防止这种事发生，有一些具有创造性的新方法可用，比如使用蓝牙的锁屏软件可以验证你是否在电脑旁边。换句话说，如果你去洗手间时，你的手机离开了蓝牙的连接范围，你的电脑就会立即锁定。使用其他蓝牙设备也能做到这一点，比如手环或智能手表。

创建密码来保护网络账号和服务当然很好，但如果有人取得了你的物理设备，密码也就无济于事了，尤其是当你的网络账号处于开启状态时。所以如果你只能用密码保护一套设备，那就应该保护你的移动设备，因为这些设备是最容易丢失或被盗窃的。然而，美国《消费者报告》（*Consumer Reports*）发现，34% 的美国人根本没使用任何安全措施来保护他们的移动设备，比如使用简单的 4 位数字 PIN 码① 来锁定屏幕。

2014 年，加利福尼亚州马丁内斯的一名警察承认自己从一个酒驾嫌疑人的手机里窃取了私密照片，这显然违反了美国宪法《第四修正案》。[3]具体来说，《第四修正案》禁止在没有法官签发的许可和可靠证据支持的情况下进行不合理的搜查和扣押。比如，执法人员如果想要访问你的手机，就必须先说明理由。

---

① PIN 码指个人识别码（Personal Identification Number），是一串数字构成的通行码，用来认证使用者身份并据此授权。——译者注

如果你还没用密码保护你的移动设备，现在就花点时间把它设置好。我是认真的。

不管是安卓、iOS 还是其他什么系统，锁定手机的常用方法有三种。最常见的是锁屏密码，这是一串可以按特定顺序输入而解锁手机的数字。不要使用手机推荐的数字位数，应该在你的设置里面手动配置更强的密码——可以是你想要的 7 位数字（就像童年时的电话号码），必须使用 4 位以上的数字。

一些移动设备允许选择基于文本的锁屏密码，再次强调：选择至少 7 个字符。现代移动设备可以在同一屏幕上同时显示数字和字母键，让两者之间的切换简单了许多。

另一个锁屏选项是图案锁。2008 年以来，安卓手机配备了一个被称为安卓锁定图案（ALP）的功能。屏幕上显示 9 个点，你可以以任何想要的顺序来连接它们；这个连接序列就是你的密码。你或许认为这个功能非常巧妙，而且可能的组合方式非常多，可以让你的序列无法被破解。但在 2015 年的 PasswordsCon 大会上，研究者报告称，在一项调查中，参与者在锁定图案的 140 704 种可能的图案组合中仅选择了少数几种可能的图案——这就是人类的本性啊。而这些可预测的图案又是怎样的呢？往往是用户名字的第一个字母。这项调查还发现，人们往往会使用中间的点，而不是边角的 4 个点。下次你设置锁定图案的时候，一定要好好考虑一下。

最后，还有生物识别锁。苹果、三星等手机制造商现在允许消费者选择使用指纹扫描器来解锁手机。请注意，这并非万无一失的。在 Touch ID 发布之后，研究者以为苹果改进了已经上市销售的大量指纹扫描器，结果他们非常惊讶地发现，一些攻破指纹扫描器的老方法对 iPhone 仍然有效，其中包括在干净的表面上使用婴儿爽身粉和透明胶带来获取指纹。

还有其他手机可以使用内置摄像头来对主人进行人脸识别。然而，在摄像头前面放一张主人的高分辨率照片，这种方法就会被破解。

一般而言，生物特征识别方法本身很容易受到攻击。理想情况下，生物特征应该仅被用作一种认证因素。先滑动你的指尖或对着摄像头微笑，然后输入 PIN 码或锁屏密码。这应该能保证你的移动设备的安全。

如何设置安全问题

如果你创建了一个强密码但没有把它写下来，又该如何是好？当你完全无法访问一个不常用的账号时，密码重置能帮上大忙。但对潜在的攻击者而言，这也可能是容易攻破的薄弱点。使用我们留在互联网上各种社交媒体个人资料中的线索，黑客可以简单地通过重置密码来获取我们的电子邮箱以及其他服务的权限。

新闻里曾报道过这样一次攻击。这次攻击涉及获取目标信用卡号的最后 4 位数字，然后将其用作身份证明，并要求服务提供商修改授权的电子邮箱地址。通过这种方式，攻击者可以在账号的合法所有者不知情的情况下重置密码。

2008 年时，田纳西大学的学生大卫·科纳尔（David Kernell）决定试试看能否拿下副总统候选人萨拉·佩林（Sarah Palin）的个人雅虎电子邮箱账号。[4]科纳尔本来可以猜几个密码，但试错几次之后可能会让该账号锁定登录。于是他使用了密码重置功能，后来他形容这个过程"很轻松"。[5]

我敢肯定，我们都收到过来自朋友和亲戚的奇怪电子邮件，里面竟然包含外国色情网站的链接，之后我们才知道，原来朋友的电子邮箱账号被人盗用了。这些电子邮箱被盗用的原因往往是保护该账号的密码不够强。要么是某人已经知道了密码（通过数据泄露），要么是攻击者使用了密码重置功能。

当我们开始建立一个电子邮箱或银行账户等账号时，可能要回答一些安全问题。这样的问题通常有 3 个，还会有一个列出建议问题的下拉菜单，这样你就可以选择你想回答的问题。你的选择通常很明显。

　　你的出生地是哪里？你在哪里上的高中？在哪里上的大学？还有人们偏爱的"你母亲的娘家姓"，显然，至少从 1882 年以来[①]，它就一直被用作一个安全问题。[6]正如我将在下面讨论的那样，很多公司可以，而且确实在扫描互联网并收集个人信息，使得回答这些基本安全问题易如反掌。一个人在互联网上花几分钟时间，就很可能回答出一个给定个人的所有安全问题。

　　直到最近，这些安全问题才有了一定程度的改进。比如，"你的连襟出生于哪个州"就相当不同，但正确回答这些"好"问题本身就可能带有风险，下面我会谈到这一点。许多所谓的安全问题仍然太过简单，比如"你父亲的家乡是哪里"。

　　一般而言，设置这些安全问题时，应该尽量避免下拉菜单中提供的最明显的建议。即使该网站只包含基本的安全问题，也要有创意一点。没人要求你只提供简单干脆的答案。你可以要点小聪明。比如，对你的流媒体视频服务而言，也许你最喜欢的颜色是什锦水果缤纷色。谁能猜到这个答案？这是个颜色，对吧？不管你用作答案的内容是什么，它都是这个安全问题的"正确"答案。

　　每次当你提供了创意答案时，一定要把问题和答案都写下来，放在安全的地方（或者就用一个密码管理器来保存你的问题和答案）。之后你可能会有需要技术支持的时候，这时，一位客服代表会问你一个安全

---

① 　哥伦比亚大学计算机科学教授史蒂文·贝洛文（Steven Bellovin）曾在美国国会图书馆偶然读到一篇 1882 年发表的论文。他发现，130 多年前，人们已经把"母亲的娘家姓"作为一个安全问题使用。之后，在贝洛文 2011 年发表的一篇关于密码历史的论文中，他写道："母亲的娘家姓，那个古老的备用'秘密'，至少在 1882 年就被这样使用了。"——译者注

问题。准备一张便利贴或在你的钱包里放一张卡片（或记住并始终使用一组相同的问答）来帮助你记忆"你的出生地是哪里"的正确答案是"在一家医院里"。之后，如果有人在网上搜索你的信息并尝试"俄亥俄州哥伦布市"这种更合理的答案，那么这种简单的概念混淆会让他束手无策。

诚实地回答非常特定的安全问题还存在额外的隐私风险：除了网上已有的那么多个人信息外，你还在贡献更多个人信息。比如说，"你的连襟出生于哪个州"的真实答案可能会被你提供答案的网站卖掉，然后这些信息可能会和其他信息结合起来，或用于填补缺失的信息。比如，根据这个关于连襟的答案，人们可以推断出你结了婚或结过婚，并且你的配偶或前任有男性兄弟，或者有姐妹与一个男性结婚，而这个男性就出生在你答案里的那个州。从一个简单的答案就能得到这么多额外信息。另一方面，如果你没有连襟，那就创造性地回答这个问题吧，答案也许是"波多黎各"。这应该会迷惑任何想要创建你的个人资料的人。提供的不相关信息越多，你在网上的隐身效果就越好。

回答这些相对不常见的问题时，你始终要考虑这些网站对于你的价值有多大。比如说，你也许信任你的银行，允许它们拥有这些额外的个人信息，却并不信任你的流媒体视频服务。另外，还要考虑这个网站的隐私政策是什么样的：其中可能有说明或暗示网站会向第三方销售其收集到的信息的内容，找到它们。

重置萨拉·佩林的雅虎电子邮箱账号密码需要她的出生日期、邮政编码和安全问题"你在哪里认识了你的丈夫"的答案。佩林的出生日期和邮政编码可以很容易地在网上找到（那时候佩林是阿拉斯加州的州长）。那个安全问题需要多花一点功夫，但科纳尔还是能够找到答案。佩林在很多采访中都提到丈夫是她的高中同学。事实证明，这正是她的安全问题的正确答案：高中校名。

科纳尔猜到了佩林的安全问题的答案，从而能够重置她的雅虎邮箱密码，进而控制这个邮箱。这让他能看到她所有私人的电子邮件。她的收件箱的一张截图被贴到了一个黑客网站上。除非佩林重置密码，否则她将无法登录自己的电子邮箱。

科纳尔的所作所为违法了，违反了美国《计算机欺诈和滥用法》（*Computer Fraud and Abuse Act*）。具体来说，他被认定犯了两项罪：通过销毁记录预先妨碍司法公正，这是一项重罪；未经授权访问计算机，这是一项轻罪。他于 2010 年被判处一年零一天的监禁，外加三年的监外看管。

如果你的电子邮箱账号像佩林的一样被人接管了，你应该这么做：

- 首先，你需要使用密码重置选项修改你的密码（是的，你也猜得到该这么做）。新密码要像我前面建议的那样使用强密码。
- 其次，检查发件箱，看看有什么东西以你的名义发出去了。你可能会看到有一条垃圾信息被发送给了很多人，甚至是你所有的联系人。现在你知道为什么这些年来你的朋友总在给你发送垃圾邮件了吧，因为有人劫持了他们的电子邮箱账号。

另外，还要检查是否有人将自己添加到了你的账号中。之前我们谈到过多个电子邮箱账号的邮件转发。那么，进入了你电子邮箱服务的攻击者也可能将你的全部邮件都转发到了他的邮箱。也许你仍然能正常查看你的邮件，但这个攻击者也能看到。如果某人将他自己加入到你的账号中，你要立即删除这个转发电子邮箱地址。

双因素认证，截至目前最安全的解决方案

密码和 PIN 码是安全解决方案的一部分，但我们刚刚也看到了，

这些可以被猜出来。比复杂密码更好的方法是双因素认证（two-factor authentication）。事实上，詹妮弗·劳伦斯等名人的私密照片出现在互联网上之后，苹果的应对措施就是为 iCloud 服务启用了双因素认证，即 2FA。

什么是 2FA？

当尝试认证一位用户的身份时，网站或应用要查证 3 个东西中的至少 2 个。通常这些东西是指你拥有的东西、你知道的东西和你是谁。"你拥有的东西"可以是磁条式或芯片式的信用卡、借记卡；"你知道的东西"往往是 PIN 码或安全问题的答案；而"你是谁"包含了生物特征识别——指纹扫描、面部识别、声音识别等。这些东西越多，越能够确定你就是你自称的那个用户。

这听起来像是新技术，其实并不是。40 多年来，大多数人都一直在使用 2FA，只是我们没有意识到罢了。

每当你使用 ATM 时，你就在使用 2FA。这怎么可能？你有一张银行签发的卡（你拥有的东西）和一个 PIN 码（你知道的东西）。当你将它们放到一起时，街上的无人 ATM 就知道你想进入这张卡所认证的账号。在一些国家，ATM 认证还有其他方法，比如面部识别和掌纹识别。这被称为多因素认证（multifactor authentication，简称 MFA）。

在网上也能实现类似的认证方法。很多金融、医疗机构、商业电子邮箱和社交媒体账号都允许用户选择 2FA。在这种情况下，你知道的东西是你的密码，你拥有的东西是你的手机。使用你的手机获取这些网站的权限被认为是"带外"①的，因为这部手机没有连接到你正在使用的计算机。但如果你启动了 2FA，而攻击者手里没有你的移动设备，他就无法访问你用 2FA 保护的账号。

---

① 带外（out of band）是传输层协议中用来发送一些重要数据的通道，因为与普通数据传输的通道不同，所以被称为"带外"。——译者注

假如说你在使用 Gmail。要启用 2FA，你会被要求在 Gmail 网站上输入你的手机号码。为了验证你的身份，谷歌会给你的手机发送一条包含 6 位数字代码的短信。然后，在 Gmail 网站上输入这个代码，你就确认了这台计算机和那个手机号码是关联的。

之后，如果有人试图用一台新的计算机或其他设备修改你的账号密码，就会有一条短信发送到你的手机上。只有在该网站上输入了正确的验证码之后，才能保存对你的账号的任何更改。

但这也并非万无一失。据赛门铁克（Symantec，著名网络安全技术公司）的研究者称，就算你使用了短信来验证身份，如果你不够小心，某个恰好知晓你电话号码的人也可以通过一些社会工程①盗取你的 2FA 保护的密码重置代码。

假设我想盗用你的电子邮箱账号，却不知道你的密码。但我知道你的手机号码，因为我可以通过谷歌轻松找到。在这种情况下，我可以进入你的电子邮箱密码重置页面，然后请求重置密码，因为你启动了 2FA，你的手机就会收到一条短信验证码。到目前为止都还没什么问题，对吧？别急。

政治活动家德雷·麦克森（DeRay Mckesson）使用的一部手机就遭到过攻击，这一事件表明了坏人是如何欺骗你的移动运营商更换 SIM 卡的。换句话说，攻击者可以劫持你的蜂窝通信服务，然后接收你的短信——比如这条来自谷歌的、用来重置麦克森的 Gmail 账号的短信验证码，尽管他的账号使用了 2FA 进行保护。比起读出某人带有新密码的短信来愚弄他，这种情况发生的可能性要高得多。当然，让别人读短信也

---

① 在信息安全领域，社会工程（social engineering）是指通过心理操纵的方式让人们执行某些行为或泄露机密信息。这通常被认为是一种通过欺诈来收集信息、行骗和入侵计算机系统的行为。——译者注

是可能的，这涉及社会工程。

因为我无法看到你的电子邮箱提供商发送到你手机上的验证码，所以我需要假装是其他人，然后把验证码骗过来。比如，在你收到了谷歌发送的真短信的几秒钟后，作为攻击者的我可以发送一条一次性短信，说："谷歌检测到您的账号存在异常活动。请回复发送到您的移动设备上的代码，以阻止未经授权的活动。"

你会看到这个，是的，你确实收到了一条来自谷歌的、包含合法验证码的短信，但如果你不够谨慎，你可能就会把包含那个验证码的信息回复给我。我有不到 60 秒的时间来输入这个验证码。现在，我已经有了密码重置页面上需要填写的一切，然后就可以修改你的密码，取得你的电子邮箱账号或其他任何账号的权限。

因为短信代码未被加密，所以我可以通过刚才描述的方式来获得它。你也可以使用一种更加安全的 2FA 方法，即从 Google Play 或 iTunes 应用商店（为了在 iPhone 上使用）下载谷歌身份验证器（Google Authenticator）。这个应用可以在你每次访问需要 2FA 的网站时生成一个独特的授权码——所以不会发送短信。生成的 6 位数字码与网站用于授权访问的认知机制是同步的。但是，谷歌身份验证器会把你的一次性密码种子存储在 Apple Keychain 中，并且设置为"仅限该设备"。这意味着，当你为了升级或更换丢失的手机而将你的 iPhone 备份并还原到另一台设备上时，你的谷歌身份验证器代码将无法用于新设备，而重新设置它们是很麻烦的。为了应对可能更换物理设备的情况，你应该记得打印一些紧急代码。现在，有些应用允许你备份、还原你的一次性密码种子，可以为你免除这样的麻烦，你可以试试看。

一旦你注册了一台设备，就可以使用该设备继续登录该网站，多长时间都行，甚至将你的笔记本电脑或手机带到另一个地方也无妨；除非你特别勾选了信任该计算机 30 天的选项（如果有的话），那样你就会被提示输入新的访问代码。然而，如果你使用另一台设备——比如借用了你配偶的计算机，你就会被要求提供更多认证。无须多言，如果你使用了 2FA，那就时刻把手机带在身边吧。

给每个人的建议

考虑到有这么多预防措施，你可能想知道，我会给那些在网上做各种金融交易的人提供些什么建议。

每年大约只需 100 美元，在你控制下的多达 3 台计算机就会得到反病毒和防火墙保护。在网上冲浪时，你会遇到的麻烦可能是你的浏览器加载了一个带有恶意软件的横幅广告，或者你打开了一封带有恶意软件的电子邮件。只要你的计算机常常联网，就有可能以这样或那样的方式受到感染，而你的反病毒产品可能无法应对网上存在的一切。

所以我推荐你花大概 200 美元，给自己买一台 Chromebook。我喜欢 iPad，但它太贵了。Chromebook 的易用性接近 iPad，而且价格低得多。

我要表达的观点是，你需要一台专门用于金融方面的次要设备，甚至医疗方面也是如此。除非你首先用一个 Gmail 账号注册过，否则它不会安装任何应用——这将限制你打开浏览器上网。

然后，如果你还没有这么做，那就在网站上激活 2FA，让它识别你的 Chromebook。一旦你做完了你在金融或医疗方面的事情，就将 Chromebook 放到一边，在下次你必须核对收支簿或预约一位医生时再重新拿起来使用。

这似乎很麻烦，实际上也确实如此。过去人们也可以方便地做银行业务，但现在几乎随时都能做银行业务。这样的话，其实你不太可能遇到你的银行信息和信用卡信息被人搞乱的情况了。如果你仅在

Chromebook 上使用你安装的两三个应用，也收藏了银行或医疗网站，并且不会访问其他网站，那么你的设备中基本不可能有木马或其他一些形式的恶意软件。

　　因此，我们已经明确了你需要创建强密码并且不能将它们分享出去。你需要尽可能地启用 2FA。在后面几章中，我将带你了解常见的日常交互会如何到处留下数字印迹，以及你可以做些什么来保护自己的隐私。

The Art of Invisibility

匿名电子邮箱， 逃离监控之网	02

如果你和我一样，那么你早上一起来就要查看电子邮件。而且如果你真的和我一样，那么你也想知道还有谁在读你的电子邮件。这可不是什么妄想症。如果你使用的是 Gmail 或 Outlook 365 这样的基于网页的电子邮件服务，那么答案显然会很可怕。

即使你在计算机或手机上阅读完电子邮件后将其删除，那也不一定会真正删除其内容。某个地方还会有它的副本。网页电子邮箱是基于云的，所以为了能在任何时间从任何地方的任何设备访问它，它必须保存冗余的副本。比如，如果你使用 Gmail，通过你的 Gmail 邮箱发送和接收的每一封电子邮件的副本都会被保存在谷歌位于世界各地的多个服务器上。如果你使用的是雅虎、苹果、AT&T、Comcast、微软，甚至你工作的地方提供的电子邮箱，情况也是一样。你发送的任何电子邮件都可以被托管公司随时检查。它们会说这是为了过滤恶意软件，但事实上，第三方也可以出于其他目的访问我们的电子邮件，而这些目的更加险恶，并且是为它们自己服务的。

原则上，大部分人都不愿意让其他任何人阅读自己的邮件，除了我们期望的收件人外。现在有法律保护通过美国邮政服务递送的纸质邮件，也有法律保护电子邮件这种存储的内容。但在实际操作中，我们通常知道，而且可能也接受了为电子邮箱提供的通信便捷性而牺牲一些东西。我们知道雅虎（还有其他公司）提供了免费的网页电子邮件服务，也知道雅虎的大部分收入来自广告。也许我们没有意识到这两件事可能存在关联，以及这会给我们的隐私带来怎样的影响。

有一天，加利福尼亚州北部的居民斯图尔特·戴蒙德（Stuart Diamond）意识到了这一点。他发现自己在雅虎邮箱客户端右上角看到的广告并不是随机的，而是基于他过去发送和接收的电子邮件的内容。比如说，我在一封电子邮件中提到了即将去迪拜做演讲，那么我可能会在我的电子邮箱中看到推荐航空公司、酒店和我在阿拉伯联合酋长国可以做的事情的广告。

这种做法可能在服务条款中有详细的说明，但大多数人可能读都没读就同意了。没人愿意看到和自己毫不相关的广告，对吧？而且只要电子邮件的收发方都是雅虎账号的持有者，那么似乎该公司就有合理的理由扫描这些电子邮件的内容，以便给我们提供定向广告并屏蔽恶意软件和垃圾邮件。

但是，戴蒙德和同样来自加利福尼亚州北部的戴维·萨顿（David Sutton）开始注意到，发送到和接收自非雅虎邮箱的电子邮件内容也会影响呈现给他们的广告。这说明该公司会截取和阅读用户所有的电子邮件，而不只是发送到或接收自雅虎自己服务器的那些。

基于他们观察到的模式，两人在 2012 年代表 2.75 亿账号持有人发起了针对雅虎的集体诉讼，并引证说明该公司的行为本质上就相当于非法窃听。

这终结了这种偷窥行为吗？并没有。

在一次集体诉讼中，诉辩双方都有一段取证和回应的时间。案件的初始阶段持续了 3 年时间。到 2015 年 6 月，加利福尼亚州圣何塞的一位法官裁定，这两个男人有充分的理由推进他们的集体诉讼，而且他们提出最初的要求后，自 2011 年 10 月 2 日起发送或接收过雅虎邮件的人都可以根据《存储通信法案》（*Stored Communications Act*）加入这一诉讼。另外，居住在加利福尼亚州的一些非雅虎邮箱账号持有人也可以根据该州的《侵犯隐私法案》（*Invasion of Privacy Act*）进行起诉。这个案件仍然悬而未决。

2014 年年初，又有人对谷歌发起了一项关于电子邮件扫描的诉讼。在一次听证会上，谷歌不小心公开了关于其电子邮件扫描流程的信息，然后还试图快速撤回或移除这些信息，但是失败了。这个案件涉及的问题是，谷歌究竟扫描或阅读了哪些信息。该案件的原告是几家大型媒体公司，包括《今日美国》（*USA Today*）的所有者。据这些原告称，谷歌在某种程度上认识到，如果只扫描收件箱的内容，就会错失大量有潜在价值的内容。该诉讼声称谷歌不再只是扫描在谷歌服务器上存档的电子邮件，而变成了扫描所有仍在传输中的 Gmail，不论它发送自某个 iPhone 还是坐在星巴克里的用户的某台笔记本电脑。

有时候，这些公司还会出于自己的目的而秘密地扫描电子邮件。众所周知，微软就发生过这种事。微软曾因为怀疑某位 Hotmail 用户盗版了该公司软件的副本而对该用户的邮箱进行了扫描，事情披露之后引起了人们的强烈抵制。微软表示，未来将让执法部门处理这样的调查。

这些行为不只局限于你的个人电子邮箱。如果你通过自己的工作网络发送电子邮件，你公司的 IT 部门可能也会扫描和存档你的通信记录。IT 员工或他们的管理者会决定是否让任何被标记的电子邮件通过服务器和网络，以及是否向执法部门报案。这包括含有商业机密或可疑材料（比如色情内容）的电子邮件，也包括扫描电子邮件检测到的恶意软件。如果你的 IT 同事在扫描和存档你的电子邮件，他们应该在你每次登录的时候提醒你他们的政策是什么，但大多数公司并不会这样做。

尽管大多数人可能会容忍为了检测恶意软件而扫描我们的电子邮

件，也许有一些人还能忍受以广告为目的的扫描，但让第三方读取我们对特定邮件中特定内容的反应和行为则是完全让人不安的。

所以每当你写完一封电子邮件，不管多么无关紧要，甚至就算你从邮箱里删除了该邮件，也要记住这些文字和图像的副本很有可能会被扫描并继续存在——也许不是永远存在，但会持续相当长的一段时间。（一些公司可能有短时间的保存政策，但我们可以有把握地假设，大多数公司都会将电子邮件保存很长时间。）

现在你知道某些机构和企业都在阅读你的电子邮件了，至少你可以让他们做这种事的难度更大。

给你的邮件上锁

大多数基于网页的电子邮件服务在传输邮件时都会使用加密。但是，一些服务在邮件传输代理（Mail Transfer Agent，简称 MTA）之间传输邮件时可能不会使用加密，因此你的信息就是公开的。比如说，在办公场所，老板也许有公司电子邮件系统的权限。为了隐身，你需要加密你的信息，也就是说要给你的邮件上锁，仅让收件人可以解锁和阅读它们。加密是什么？它是一种代码。

恺撒密码（Caesay Cipher）就是一种非常简单的加密方法，它是指将密码中的每个字母替换成字母表中相距一定距离的字母。举个例子，当使用恺撒密码时，如果这个距离是 2，那么 a 就变成了 c，c 变成了 e，z 变成了 b，以此类推。使用这种偏移 2 位的加密方案，"Kevin Mitnick"就会变成"Mgxkp Okvpkem"。

当然，大多数今天所使用的加密系统都比任何恺撒加密强大得多，因此要破解它们也就更加困难。所有形式的加密都有一个共同点：需要密钥，这可以用来锁定和开启加密信息。如果使用同样的密钥来加锁和解锁加密信息，那就是一种对称加密（symmetrical encryption）。但是，当双方彼此不认识或相距很远时，对称密钥就难以在他们之间共享。

大多数电子邮件加密实际上使用的是所谓的非对称加密（asymmetrical encryption）。这意味着我要生成两个密钥：一个保存在我的设备上并且永远不会被共享出去的私钥（private key）和一个我可以在互联网上随意张贴的公钥（public key）。这两个密钥是不同的，但在数学上是相关的。

举个例子，鲍勃想给艾丽斯发送一封安全的电子邮件。他在互联网上发现了艾丽斯的公钥或直接从艾丽斯那里得到了它，然后在向她发送信息时使用她的密钥对信息进行了加密。当且仅当艾丽斯使用一段密码短语解锁了她的私钥，然后再解锁这条加密信息之前，信息一直处于加密状态。

那么究竟应该如何加密你的电子邮件内容呢？

最流行的电子邮件加密方法是 PGP（Pretty Good Privacy），这个简写表示"相当好的隐私"。PGP 不是免费的，而是赛门铁克公司的一款产品。其创造者菲尔·齐默尔曼（Phil Zimmermann）还编写了一个开源的版本——OpenPGP，这是免费的。第三个选择是 GPG（GNU Privacy Guard），它是由维尔纳·科赫（Werner Koch）创造的，也是免费的。好在这三者是可以兼容的，这就意味着不管你使用的是哪个 PGP 版本，基本的功能都一样。

当爱德华·斯诺登决定开始披露他从 NSA 拷贝的敏感数据时，他需要分散在世界各地的志同道合的人的帮助。矛盾的地方在于，他既需要脱离搜索网，又需要一直活跃在互联网上。而他需要隐身。

即使你不用分享国家机密，你也可能有兴趣让你的电子邮件保密。斯诺登等人的经历说明：做到这一点虽然并不容易，但只要做出适当的努力，也是有可能实现的。

　　斯诺登使用了一家名叫 Lavabit 的公司提供的私人账号来与他人通信。但电子邮件不是点对点的（point-to-point），也就是说一封电子邮件在到达目标收件人的收件箱之前，可能会经过世界各地的好几台服务器。斯诺登知道，不管他写下什么，都可能会被这一路上在任何位置拦截这封电子邮件的任何人读到。

　　所以，他必须进行一套复杂的操作，以建立一个真正安全的、匿名的且完全加密的通信方式，以便与隐私倡导者和电影制作人劳拉·珀特阿斯（Laura Poitras）通信，她当时刚刚完成了一部关于揭秘者的生活的纪录片。斯诺登想要与珀特阿斯建立加密通信，但只有很少的人知道她的公钥。她没有完全公开她的公钥。

　　为了找到她的公钥，斯诺登必须接触一个第三方——支持网络隐私的组织"电子前线基金会"（Electronic Frontier Foundation，简称 EFF）的迈卡·李（Micah Lee）。迈卡的公钥可以在网上找到，而且根据发表在网络杂志 Intercept 上的这个账号提供的信息，迈卡也有珀特阿斯的公钥，但他首先需要确认珀特阿斯是否允许自己分享它。她同意了。

　　那个时候，迈卡和珀特阿斯都还完全不清楚想要她的公钥的人是谁；他们只知道有人确实想要。斯诺登并没有使用他的个人电子邮箱账号，而是用了另一个账号来进行接触。但如果你不常使用 PGP，可能会时不时忘记将自己的 PGP 密钥添加到重要邮件里，斯诺登就出了这种状况。他忘记将自己的公钥放进邮件里，这样迈卡就没法回复了。

　　迈卡没有任何安全的方式可以联系到这位神秘人，所以他别无选择，只能给斯诺登回了一封纯文本的未加密的电子邮件，询问他的公钥。斯诺登提供了自己的公钥。

　　迈卡，这个值得信赖的第三方不得不再一次面对这种情形。根据我的个人经历，我可以告诉你，一定要验证正与你进行秘密通信的人的身份，这是非常重要的，而且最好是通过一位共同的朋友——还要确保你确实在和那位朋友通信，而不是其他某个人伪装的。

我知道这件事的重要性，因为我之前就这样伪装过。当对方并不质疑我的真实身份或我发送的公钥时，就会出现被我利用的情况。有一次，我想和利兹大学的有机化学研究生尼尔·克利夫特（Neill Clift）通信，他是一个非常擅长在 DEC 公司（Digital Equipment Corporation）的 VMS 操作系统中寻找安全漏洞的人。我想让克利夫特向我发送他报告给 DEC 的所有安全漏洞。为此，我需要让他相信，我实际上是为 DEC 工作的。

首先，我伪装成一个名叫戴夫·哈金斯（Dave Hutchins）的人，并且用这个名字给克利夫特发送了一条具有欺骗性的信息。我之前假装成 VMS 工程开发部门的德里尔·派珀（Derrell Piper）给克利夫特打过电话，所以伪装成哈金斯的我在电子邮件里写道，派珀想与克利夫特就一个项目进行电子邮件通信。在检查 DEC 的电子邮件系统时，我知道克利夫特和真正的派珀曾经互相发送过电子邮件，所以这个新请求听起来不会那么奇怪。然后我又伪造了派珀的真实邮箱地址，并发送了一封电子邮件。

为了进一步说服克利夫特这全都是正当的行为，我甚至建议他使用 PGP 加密，这样像凯文·米特尼克（我的名字）这种人就无法读到这些电子邮件了。很快，克利夫特和"派珀"就交换了公钥并且加密了通信——但伪装成派珀的我可以阅读这些通信。克利夫特错在没有质疑派珀的身份。同样，当你的银行主动打电话来，要求你提供社会保障号码或账户信息时，你就应该挂断电话，然后自己打给银行，因为你永远不知道电话或电子邮件的另一边是什么人。

如果双方都是完全匿名的，他们如何知道谁是谁

　　考虑到斯诺登和珀特阿斯将要分享的机密的重要性，他们不能使用平常用的电子邮箱地址。为什么呢？因为个人电子邮箱账号包含能够鉴定出用户身份的特定关联线索，比如特定的兴趣、联系人列表。于是斯诺登和珀特阿斯决定创建新的电子邮箱地址。

　　唯一的问题是：他们如何知晓对方的新电子邮箱地址？换句话说，如果双方都是完全匿名的，他们如何知道谁是谁以及可以信任谁？比如说，斯诺登要怎样排除 NSA 或其他人伪装成珀特阿斯创建新电子邮箱地址的可能性？公钥很长，所以你无法拿起一部安全电话，然后把这些字符读给其他人听。你需要一次安全的电子邮箱通信。

　　再借迈卡·李之手，斯诺登和珀特阿斯可以在设置他们的新匿名电子邮箱地址时将信任托付给他人。珀特阿斯首先向迈卡分享了她的新公钥。但 PGP 加密密钥本身是相当长的（当然没有 π 那么长，但还是很长），而且同样需要注意，若是有人也在监视迈卡的电子邮箱账号呢？所以迈卡并没有使用真正的密钥，而是将珀特阿斯的公钥缩写到 40 个字符的长度（也被称为指纹，fingerprint）。然后，他将这段字符贴到了一家公开的网站——Twitter 上。

　　有时候，为了隐身，你必须使用公开可见的东西。

　　现在，斯诺登可以匿名地浏览迈卡的推文，并且将缩短后的密钥与他收到的信息进行比较。如果两者不匹配，斯诺登就知道不能信任这封电子邮件。这条消息可能已经受损。或者他可能正在和 NSA 交谈。

　　在这个案例中，两者匹配上了。

　　现在，网上关于他们是谁以及身在世界何处的一些信息被移除了，斯诺登和珀特阿斯基本上就可以开始他们的安全匿名电子邮件通信了。斯诺登最后给珀特阿斯发送了一封仅称呼自己为"Citizenfour"（第四公

民）的加密电子邮件。后来，珀特阿斯用这个签名命名了她导演的关于斯诺登的隐私权运动的纪录片，并且获得了奥斯卡金像奖。

看起来似乎一切都结束了，现在他们可以通过加密电子邮件安全地通信了。但事实并非如此，好戏才刚刚开始。

端到端加密

实际上，某些机构无须看到你加密的电子邮件内容，就能知道你在和谁通信以及频率如何。下面我们就会看到它们是如何办到的。

正如前面提到的那样，加密的目的是编码你的信息，这样的话只有拥有正确密钥的人才能解码它。加密的数学运算强度和密钥长度共同决定了没有密钥的人破解你的代码的难度。

今天所用的加密算法都是公开的。这也是你需要的。你应该担心那些专有的和不公开的加密算法。公开算法一直在经受弱点检查，也就是说，人们一直目的明确地想要攻破它们。每当一种公开的算法变弱或被攻破时，它就退休了，新的、更强的算法将取而代之。这些旧算法依然存在，但我强烈不推荐使用它们。

密钥（或多或少）在你的控制之下，所以你可能也猜到了，对它们的管理是非常重要的。如果你生成了一个加密密钥，那么除了你，没有其他任何人会将这个密钥存储在你的设备中。如果你让一家公司执行这种加密，比如在云端加密，那么该公司也可能在将密钥分享给你之后继续保留该密钥。真正让人担忧的是，可能会有法院命令强制该公司将该密钥分享给执法部门或某些机构——不管有没有搜查令。你需要阅读为加密使用的每种服务的隐私政策，并且了解这些密钥的所有者是谁。

　　加密一条消息（电子邮件、短信或电话）时，你要使用端到端（end-to-end）加密。这意味着你的消息在到达目标接收方之前一直都是无法读取的。使用端到端加密，只有你和你的接收方具有解码该消息的密钥。你的电信运营商、网站所有者或应用开发者都没有——执法部门或某些机构会要求它们转交关于你的信息。如何知道你使用的加密服务是不是端到端加密呢？用谷歌搜索一下"端到端加密语音电话"吧。如果这个应用或服务没使用端到端加密，那就选择另一个。

　　如果说所有这些听起来很复杂，那是因为它们确实很复杂。Chrome和火狐浏览器都有 PGP 插件，可以让加密变得更轻松简单。Mailvelope就是其中之一，它能够干净利落地处理 PGP 的公开和私有加密密钥。只需简单输入密码短语，就可以使用它来生成公钥和私钥。然后每当你在网页上写电子邮件时，选择了收件人后，如果该收件人有一个公钥可用，你就可以选择向那个人发送一条加密的消息。[1]

　　即使用 PGP 加密了你的电子邮件内容，但邮件中仍有一小部分内容可以被几乎任何人读到；而且这部分虽然小，但信息丰富。在斯诺登揭秘之后，美国政府在自我辩护时反复声明他们没有获取我们电子邮件的实际内容，而且在使用了 PGP 加密的情况下也无法读到这些内容。相反，美国政府说他们只收集电子邮件的元数据。

　　电子邮件元数据是什么？它是发件人和收件人字段中的信息，以及在发件人和收件人之间处理电子邮件的各个服务器的 IP 地址。另外，它也包含主题行，有时候这能非常清晰地揭示信息中加密的内容。元数据是互联网早期沿袭下来的遗产，仍然包含在人们发送和接收的每一封电子邮件中，但现代电子邮件阅读器却把这些信息隐藏起来，不予显示。[2]

　　不管你使用哪种"风味"的 PGP，都不会加密元数据——收件人和发件人字段、主题行和时间戳信息。不管你能否看见，这些数据都被保存为纯文本格式。第三方仍然可以看到你的加密消息的元数据；它们会知道你在某个时间给某个人发送了一封电子邮件，而且两天之后你又向同一个人发送了一封电子邮件，等等。

听上去也许并无大碍，因为第三方并没有真正读到内容，而且你大概也不在意递送这些电子邮件的部件——各种服务器地址和时间戳。然而，光是从电子邮件的传递路径和频率得到的信息就能多到让你惊讶。

回到 20 世纪 90 年代，在逃避 FBI 的追捕之前，我在各种手机记录上执行过我所谓的元数据分析。首先，我黑入了洛杉矶一家名叫 PacTel Cellular 的蜂窝通信提供商，以获取某个所谓线人的呼叫详细记录（call detail record，简称 CDR），FBI 当时正用这个人来收集关于我的活动信息。

CDR 和我在这里讨论的元数据非常像，它们给出了通话发生的时间、被呼叫的号码、通话时长及某个特定号码被呼叫的次数——全都是非常有用的信息。

通过搜索经过 PacTel Cellular 到达该线人的座机电话，我可以得到呼叫过他的人的手机号码清单。再分析一下这些人的账单记录，我可以识别出这些呼叫者就是 FBI 白领犯罪①小组的成员，他们听命于洛杉矶办事处。当然，一些号码每个人都拨打过，它们是 FBI 洛杉矶办事处的内部号码、美国检察官办公室和其他政府办事处的号码。其中有些通话时间相当长，而且通话相当频繁。

每当他们将这个线人转移到一处新的安全屋时，我就可以获得这个安全屋的座机号码，因为特工们在尝试通过寻呼机接触该线人之后会呼叫这部座机。一旦我得到了该线人的座机号码，就可以通过社会工程取得他的真实地址，也就是说，通过假装成为这处安全屋提供服务的

---

① 白领犯罪（white-collar crime）是指以取得钱财（尤其是巨额钱财）为动机的非暴力犯罪。——译者注

Pacific Bell 公司的某个人的方式。

社会工程是通过操控、欺骗和影响某个人来使其遵从某个要求的黑客技术，通常用于骗取人们的敏感信息。在这个案例中，因为我已经从电话公司那里知道了其内部号码，所以我假装成一位现场服务技术人员，说着正确的术语和行话——这有助于取得敏感信息。

因此，尽管记录电子邮件的元数据不等同于获取实际内容，但从隐私的角度看也仍然是侵入性的。

人人都处在监控之下

检查一下近期任意一封电子邮件的元数据，你可以看到递送你的电子邮件的服务器的 IP 地址；这些服务器分布在世界各地，你的邮件要经过它们才会抵达目标。每台服务器就像每个接入互联网的人一样，都有一个独特的 IP 地址，这是根据你所在的国家和你的互联网提供商而计算出的一个数值。IP 地址被分段分配给了各个国家，而且每家提供商都有自己的子段，这又会进一步划分出不同类型的服务——拨号上网、有线上网或移动上网。如果你购买了一个静态 IP 地址，它就会关联到你的订阅账号和家庭地址，否则你的外网 IP 地址会从分配给你的互联网服务提供商的地址池里生成。某个给你发电子邮件的人的 IP 地址可能是27.126.148.104，这个地址位于澳大利亚维多利亚州。

或者 IP 地址也可能是 175.45.176.0，这是一个朝鲜的 IP 地址。如果真是如此，那么你的电子邮箱账号可能已经被标记并且要进行审查了。美国政府的工作人员可能想知道为什么你在和朝鲜的某个人通信，即使邮件主题行中写着"生日快乐"。

就服务器地址本身来说，你可能仍然认为它不太重要。但通信的频率能说明很多问题。此外，如果你能确定每个元素（发件人和收件人以及他们的位置），你就可以开始推测到底在发生什么。比如说，与电话呼叫相关的元数据（持续时间、通话时间等）能让你了解关于一个人心理健康的大量信息。一个晚上10点拨打家庭暴力热线的电话持续了10分钟，或者一个午夜从布鲁克林大桥打到自杀预防热线的电话持续了20分钟，这种情况就能揭示很多信息。达特茅斯学院开发了一个可以匹配用户数据中压力、抑郁和孤独模式的应用。这种用户活动也与学生成绩有关。

你仍然没看到暴露电子邮件元数据的危害吗？麻省理工学院开发的一个名叫 Immersion 的程序仅需使用元数据，就可以绘制出你邮箱中所有电子邮件的发件人和收件人之间的可视化关系图。这个工具可用于可视化地量化出谁对你最重要。程序甚至包含一个滑块式的时间标度，可以让你看到你认识的人对你的重要性随时间推移发生的起起伏伏。尽管你可能认为你了解自己的关系，但用图形化的方式表达出来也许会给你带来清醒的认识。你可能没意识到自己给不认识或了解不多的人发了如此多的电子邮件，却很少给你非常熟悉的人发邮件。使用 Immersion 工具，你可以选择是否上传数据，而且在图形绘制出来后，你也可以删除这些信息。[3]

据斯诺登说，NSA 和其他机构正在收集人们的电子邮件、短信和电话的元数据。但它们没法收集每个人的元数据——或者也许可以？从技术角度来看，这办不到。但是自2001年以来，"合法"的收集行为一直在迅猛增长。

根据美国1978年的《外国情报监控法案》（*Foreign Intelligence Surveillance Act*，简称 FISA），美国外国情报监控法庭（简称 FISA 法庭）负责监管针对美国境内外国人的所有监控授权的申请。表面上看，在执法机构和个人之间放一道法庭命令似乎很合理，但现实有些不一样。光是在 2012 年，该法庭就收到了 1 856 份申请，也批准了 1 856 份申请，这说明今天这个程序很大程度上已经成了帮美国政府盖橡皮章批准的过程。[4] 在 FISA 法庭批准了一项申请后，执法机构可以强迫私营公司上交所有关于你的数据——更何况它们可能在被强迫之前就已经上交了。

你需要一个洋葱路由器

若想真正在数字世界里隐身，你不仅需要加密自己的信息，还需要：

- **移除自己真实的 IP 地址**：这是你与互联网的连接点，你的指纹。它能显示出你的位置（具体到你的实际地址）和你使用的提供商。
- **掩饰你的硬件和软件**：当你连接到一个在线网站时，该网站可能会收集你使用的硬件和软件的快照信息。它们可以使用一些技巧来确定你是否安装了特定的软件，比如 Adobe Flash。你的浏览器软件会告诉网站你使用的是什么操作系统、你的操作系统是什么版本，而且有时候还能显示你的桌面上运行的其他软件。
- **保护你的匿名性**：在网络上确定归属是很困难的。要证明当一件事发生时你正在敲键盘也很困难。但是，如果你在上网之前经过了星巴克的一个摄像头，或者你刚刚在星巴克使用你的信用卡购买了一杯拿铁，这些行为就可以和你不久之后的上网行为联系在一起。

　　我们已经知道，每当你的设备连接到互联网时，都有一个与这次连接关联的 IP 地址。[5]如果你想在网上隐身，这就是个问题：你也许可以改变你的名字（或完全不给出名字），但你的 IP 地址仍然会揭示出你在世界的位置、你使用的提供商的名字以及为该互联网服务付费的人（可能是你，也可能不是你）的身份。所有这些信息都包含在电子邮件元数据中，可以用来确定你的独特身份。任何通信，不管是不是电子邮件，都可以基于其互联网协议（Internal Protocol，简称 IP）地址来确定你的身份；当你在家里、办公室或朋友的地盘使用网络时，这个地址被分配给了你使用的路由器。

　　当然，电子邮件中的 IP 地址可以被伪造。有些人可能会使用代理地址——不是他的真实 IP 地址，而是其他人的地址。这样电子邮件看起来就像是来自另一个地方。代理就像一台外语翻译器，你对它说话，然后这台翻译器对另一个说外语的人说话，消息仍然保持不变。也就是说，某个在朝鲜发送电子邮件的人可能会使用中国甚至德国的代理来避开侦查。

　　除了托管你自己的代理，你也可以使用一种被称为匿名邮件转发器（anonymous remailer）的服务，它会掩盖你的电子邮件的 IP 地址。匿名邮件转发器提供保护的方式很简单，就是在将消息发送给目标收件人之前修改发件人的电子邮箱地址。收件人也可以通过这个转发服务回复。这是最简单的版本。

　　但也存在其他变体。一些一型和二型邮件转发器不允许你回复电子邮件；它们只是单向通信。三型（或称 Mixminion）邮件转发器确实提供了一整套服务：回复、转发和加密。如果选择这种匿名通信方法，你需要了解你的邮件转发器会提供哪些服务。

　　掩盖你的 IP 地址的一种方法是使用洋葱路由器（Tor），这也是斯诺登和珀特阿斯的做法。

　　Tor 开源程序是由美国海军研究实验室在 2004 年开发的，以便军事人员能在不暴露他们实际位置的前提下开展搜索。自那以后，Tor 已经得到了扩展。Tor 可以用于帮人们避开大众媒体和服务的审查，并防止任何人追踪他们使用的搜索词。Tor 一直是免费的，任何地方的任何人都可以使用。

　　Tor 是如何工作的？它将访问网站的一般模式颠倒了过来。

　　一般来说，你上网的时候，会打开一个互联网浏览器，然后输入你想访问的网站名称。该网站就会收到一个请求，几毫秒后会有一个带有其网站页面的响应传回你的浏览器。根据 IP 地址，这个网站可以知道你用的是哪家服务提供商，而且有时候还可以根据服务提供商的位置或从你的设备到该网站的跳[①]知晓你在世界的什么地方。比如，你的设备说它在美国，但你的请求到达目标之前所用的跳的时间和数量表明你在世界的其他地方，一些网站（尤其是赌博网站）会检测这种行为，以防备可能的欺诈。

　　使用 Tor 时，你和你的目标网站之间的直接线路会被其他额外的节点掩盖，而且每 10 秒钟，连接你和你访问的任何网站的节点链就会发生改变，但不会给你造成中断。连接你和网站的各种节点就像洋葱里面一层层的结构。换句话说，如果有人想从目标站点循迹追踪，试图找到你，路径的不断变化将让他们无能为力。通常你的连接可以被认为是匿名的，除非你的入口和出口节点不知为什么关联起来了。

　　当你使用 Tor 时，你打开 mitnicksecurity.com 页面的请求不会直接发送给目标服务器，而是会先发送给另一个 Tor 节点。而且为了让情况更加复杂，这个节点又会把该请求传递给另一个节点，最后再连接

---

① 跳（hop）是指在一个通信网站中，信息包从一个路由节点传输到另一个路由节点的步骤。跳数（hop count）是指整个路径中这种步骤的总数。——译者注

到 mitnicksecurity.com。所以这个过程涉及一个入口节点、一个中间节点和一个出口节点。如果我要了解是谁访问了我公司的网站，我只能看到出口节点的 IP 地址和信息，这是这个链条的最后一个节点，而非第一个节点，即你的入口节点。你可以配置 Tor，使其使用一个特定国家（比如西班牙）的出口节点，甚至可以指定一个在火奴鲁鲁的特定出口节点。

要使用 Tor，你需要从 Tor 网站（torproject.org）下载修改过的火狐浏览器。请记得，始终要从 Tor 网站上寻找适合你操作系统的正规 Tor 浏览器，不要使用第三方的网站。对于安卓操作系统，Orbot 是一款可以从 Google Play 获取的正规免费 Tor 应用，它既能加密你的流量，也能隐藏你的 IP 地址。在 iOS 设备（iPad、iPhone）上，你可以从 iTunes 应用商店安装正规的应用 Onion Browser。

你可能会想，为什么不在 Tor 内部建立一个电子邮件服务呢？有人已经这样做过了。Tor Mail 是托管在一个仅能通过 Tor 浏览器访问的网站上的服务。但是，FBI 因为一个不相关的案子而没收了该服务器，因此获得了所有存储在 Tor Mail 中的加密电子邮件。这个警示性的故事表明，即使你认为你的信息是安全的、万无一失的，事实也可能并非如此。[6]

尽管 Tor 使用了一个特殊的网络，你仍然可以通过它访问互联网，但网页的加载速度会慢得多。然而，除了能让你浏览那些可以搜索到的网站，Tor 还能让你访问很多通常搜索不到的网站。这些网站不能解析成 Google.com 这样常见的名称，而是在结尾冠以 ".onion" 的扩展名。有一些隐藏的网站在发布、销售或供应涉嫌违法的商品和服务。

应当说明一下，Tor 也有一些弱点：

● 你无法控制出口节点，它们可能处于某些机构的控制之下。

● 你仍然可以被分析并被识别出来。

● Tor 非常慢。

也就是说，如果你仍然决定使用 Tor，就不应该在你用于浏览的同一物理设备上运行它。换句话说，用一台笔记本电脑来浏览网页，再用另一台设备（比如一台运行 Tor 软件的树莓派小型计算机）来配置 Tor。这样做的话，就算有人攻陷了你的笔记本电脑，也无法攻破你的 Tor 传输层，因为它运行在另一台物理设备上。[7]

在斯诺登和珀特阿斯的案例中，正如我说的那样，只是通过加密电子邮件连接彼此还不够好。在珀特阿斯为她的匿名电子邮箱账号创建了一个新公钥之后，她本可以将其发送给斯诺登之前的电子邮箱地址，但如果有人正在监视那个账号，那么她的新身份就将暴露。这里有一个非常基本的原则：必须将你的匿名账号和任何与你真实身份相关的东西完全隔离。

如何创建匿名电子邮箱

若想隐身，你就需要为每个新的安全通道重新开始建立联系。已有的电子邮箱账号可能与你生活的其他部分（朋友、爱好、工作）有各种各样的联系。为了秘密地通信，你需要使用 Tor 来创建新的电子邮箱账号，这样，设置该账号的 IP 地址就不会以任何方式与你的真实身份关联到一起。

创建匿名电子邮箱地址难度很大，但也是可以办到的。

你可以使用私人电子邮件服务。因为你在为这些服务付费时会留下痕迹，所以实际上最好还是使用免费的网页服务。但也有一个小麻烦：Gmail、微软和雅虎等服务需要你提供一个电话号码来验证你的身份。显然你不能使用真实的手机号码，因为这可能会泄露你的真实姓名或真正地址。如果它支持语音认证而不是 SMS 认证，你就可以设置一个 Skype 手机号码，但你仍需要一个已有的电子邮箱账号和一张预付费的礼品卡来设置 Skype 号码。如果你认为使用预付费的手机本身就能保护你的匿名性，那可就错了。如果你曾经使用这个预付费电话进行过与你的真实身份有关的通话，那么发现你是谁简直是小菜一碟。

相反，你需要使用用后即抛的一次性手机。一些人认为只有坏人才会使用一次性手机，但一次性手机也有很多完全合法的正当用途。比如，曾经有一位商业记者丢的垃圾都会被惠普公司雇用的私家侦探检查翻找，因为这家公司急于知道是谁泄露了关键的董事会信息；于是这位记者转而使用一次性手机，让这些私家侦探更难识别她的电话。这段经历之后，她就只使用一次性手机与她的信息来源通话了。[8]

再比如，一个需要躲避有暴力倾向的前任的妇女选择使用无需合约的电话或谷歌、苹果账号，这样可能会让她更安心一点。一次性手机通常只有很少的、非常有限的互联网功能，基本上只提供语音、短信和电子邮箱服务，但一些人只需要这些就足够了。而你也应该用它获取数据，因为你可以将这部一次性手机连接到你的笔记本电脑上，然后使用它来上网。在后面的章节中，我会告诉你在笔记本电脑上修改媒体访问控制（media access control，简称 MAC）地址的方式，这样每当你将一部一次性手机接入这台电脑时，它看起来都像是一台新设备。

但是匿名购买一次性手机会很困难。现实世界发生过的事情可以被用于识别虚拟世界中你的身份。当然，我可以走进沃尔玛，用现金购买一部一次性手机和 100 分钟的通话时间。谁会知道呢？事实上，很多人都知道。

首先，我是如何到达沃尔玛的？我搭了一辆优步（Uber）的车吗？还是坐的出租车？这些记录都可以被传讯取证。

虽然我也可以自己开车去，但执法部门在大型公共停车场使用了自动车牌识别技术（automated license plate recognition，简称 ALPR）来寻找失踪和被盗的车辆以及仍有效的通缉令上的人。这些 ALPR 记录可以被传讯取证。

就算我步行去沃尔玛，一旦走进店里，我的脸也会被安全监控摄像头拍到。这些视频可以被传讯取证。

好吧，那假设我让另外一个人去店里买——一个我也不认识的人，可能是我当场雇的一个流浪者。那个人走进店里，然后用现金买下手机和一些数据充值卡。这是最安全的方法。也许你安排好了，你们会在远离这家店的地方碰头。这有助于拉开你和实际销售交易位置的物理距离。在这种情况下，你叫去买手机的人就成了其中最薄弱的环节——他值得信赖的程度如何是未知的。如果你给他的钱超过手机的价值，他可能才乐意按承诺的那样把手机交给你。

想激活预付费的手机，你要么需要拨打对应移动运营商客服部门的电话，要么需要在该运营商的网站上激活。为了避免因"资格认证"而被记录数据，通过网络激活更加保险。修改 MAC 地址后，在公开的无线网络上使用 Tor 应该能做到最低程度的保护。你应该编造你输入该网站的所有订阅者信息。对于地址，只需要用谷歌搜一家主流酒店的地址，然后使用它就行了。再编造一个生日和 PIN 码，但你要记住它们，以防以后出现需要联系客服的情况。

也有一些电子邮件服务不需要验证，而且如果你无须担心当权者，Skype 号码就可以很好地用来注册谷歌账号等应用。但为了说清楚，让我们假设在使用 Tor 让你的 IP 地址变得随机之后，你创建了一个与你的真实电话号码毫无关联的 Gmail 账号，之后谷歌给你的电话发送了一条验证码或进行了一次语音呼叫。现在你就有了一个基本上无法被追踪的 Gmail 账号。

所以，我们已经使用我们熟悉和常见的服务建立了一个匿名电子邮箱地址。那么我们就可以发送足够安全的电子邮件了，它的 IP 地址在 Tor 的帮助下匿名了（尽管你无法控制出口节点），它的内容也在 PGP 的帮助下无法被收件人之外的人读取。

请注意，要保持这个账号的匿名性，只能使用 Tor 来访问这个账号，这样你的 IP 地址才永远不会与之发生关联。此外，在登录了这个匿名 Gmail 账号之后，一定不要执行任何互联网搜索，因为你可能会在无意中搜索与你的真实身份相关的事物。即使搜索天气信息，也可能暴露你的位置。[9]

如你所见，实现隐身和保持隐身需要严格的规行矩步和持续不断的持之以恒。但为了隐身，这都是值得的。

最重要的总结是：首先，始终要清楚，就算你执行了我前面描述的部分预防措施，只要不是全部，就有可能被人识别出你的身份。如果你确实执行了所有这些预防措施，还要记住，每次使用你的匿名账号时都要毫不遗漏地执行这些操作，不能有例外。

另外，值得重申一下，端到端加密是非常重要的，也就是说，要让你的消息在到达收件人之前一直都保持不可读取的安全状态，而不只是简单的加密。端到端加密也有其他用途，比如加密电话和即时消息，这是我们将在接下来两章里讨论的内容。

The Art of Invisibility

| 加密通话，
免受手机窃听与攻击 | 03 |

　　聊天、发短信、网上冲浪，你每天都会在手机上花费无数时间。但是，你真的知道你的手机是如何工作的吗？

手机本质上就是一个追踪设备

　　我们的移动设备使用的蜂窝服务是无线形式的，依赖于蜂窝塔，即基站。为了保持连接，手机会持续不断地向离自己最近的一座或多座蜂窝塔发送微小的信标信号。这些塔对于信标信号的应答会被翻译成你手机上"信号格"的数量：一格也没有就表示没信号。

　　为了以某种方式保护用户的身份，手机的信标使用了所谓的国际移动用户识别码（international mobile subscriber identity，简称 IMSI），这是分配给 SIM 卡的一个独特数字。它最初诞生的时候，蜂窝网络还需要知道你什么时候连接到它们的塔上，什么时候在漫游（使用其他运营商的蜂窝塔）。IMSI 码的第一部分指明了特定的移动网络运营商，其余部分则向该网络运营商标识了你的手机。

　　执法机构已经制造出可以伪装成蜂窝基站的设备。这些设备是为拦截语音和短信而设计的。

　　在美国，执法部门和情报机构也会使用其他设备来获取 IMSI。IMSI 可以被即时获取，一秒钟都用不了，而且也不会发出预警。通常人们会在大型集会上使用 IMSI 获取设备，这样可以让执法部门在后方识别出谁在现场，尤其是那些不断打电话叫其他人加入的人。

　　这样的设备也可应用于通勤服务和创建交通报告。在这种情况下，实际账号或 IMSI 并不重要，重要的是你的手机从一座塔到另一座塔或从一个地理区域到另一个地理区域的速度。手机接近和远离每一座塔所用的时间可用来确定交通状况：堵塞、缓行或畅通。[1]

　　只要你的移动设备开机，它就会连接到一些蜂窝塔。离你最近的塔会实际地处理你的电话、短信或互联网通话。当你移动时，你的手机会与最近的塔进行回环应答（ping），如果有必要，你的通话也会从一座塔转移到另一座塔，同时还能保持连贯性。附近的其他塔全都处于待命状态，这样当你从地点 A 移动到地点 B 并且进入了信号更好的另一座塔的区域时，信号就会平滑地切换，你应该也不会掉线。

　　可以这样说：你的移动设备发出一段特定的序列，这段序列会被多座单独的蜂窝塔记录下来。所以任何人只要查阅一座特定塔的日志，就可以看到在其全部区域内任意给定时间所有人的临时移动用户识别码（temporary mobile subscriber identity，简称 TMSI），不管他们是否打过电话。执法部门可以，并且也确实会要求蜂窝运营商提供这些信息，包括特定持有人的后端账号身份。

　　一般来说，如果只查看一座信号塔的日志，其数据可能仅仅表明某个人正在经过，而且他的设备连接到了一座待命的特定信号塔。如果其间有通话或数据交换，那还会有关于那次通话和持续时间的记录。

　　然而，来自多座信号塔的日志可被用于精确定位一个用户的地理位置。大多数移动设备每次会与 3 座或更多的塔进行回环应答。使用来自这些信号塔的日志，某人可以基于这些回环应答的相对强度，通过三角定位来确定该手机用户的一个相对准确的位置。所以你每天带着到处走动的手机本质上就是一台追踪设备。

那么要如何避免被追踪呢？

与手机运营商签订合约需要姓名、地址和社会保障号码，此外还有一次信用检查，以确保你能付得起月租费。如果你选择一家商业运营商，就可以避开这些。

一次性手机看上去是个不错的选择。如果你频繁更换（比如说每月甚至每周）预付费手机，也许就可以避免留下太多痕迹。你的 TMSI 会出现在一座信号塔的日志中，然后又会消失。如果你购买手机时也很谨慎，用户账号就不会被追踪到。预付费手机服务仍然有用户账号，所以也会有分配给它的 IMSI。因此，一个人的匿名性取决于他获得一次性手机的方式。

为了便于论证，让我们假设你已经成功地与一部一次性手机的购买行为断绝了关系。你遵循了我在前面给出的步骤，让一个与你无关的人使用现金购买了这部手机。那么使用这种用后即抛的手机就不会被追踪了吗？简而言之，不行。这里就有一个警示故事：

> 2007 年的一个下午，一个价值 5 亿美元的装满迷幻药的集装箱在澳大利亚墨尔本的一个港口丢失。臭名昭著的毒贩帕特·巴尔巴罗 (Pat Barbaro) 是这个集装箱的主人。他把手伸向自己的口袋，拿出自己 12 部手机中的一部，拨了当地一位记者尼克·麦肯齐 (Nick McKenzie) 的号码。这位记者只知道打电话的人名叫斯坦 (Stan)。巴尔巴罗随后会使用他的另一部一次性手机给麦肯齐发短信，试图匿名地从这位调查记者手里获得有关这个丢失的集装箱的信息。正如我们将会看到的那样，这种方法没用。

尽管很多人可能认为一次性手机是真正匿名的，但实际上并非如此。根据美国的《法律执行通信协助法案》（*Communications Assistance for Law Enforcement Act*，简称 CALEA），与一次性手机连接的所有 IMSI 都要上报，就像那些主流运营商的合约用户一样。换句话说，执法人员可以根据日志文件找到特定的一次性手机，就像找到注册的合约手机一样简单。尽管无法通过 IMSI 确定谁拥有这部手机，但也许可以通过使用模式来确认。

澳大利亚没有 CALEA，但执法人员仍然可以使用相当传统的方法密切监视巴尔巴罗的众多手机。比如，他们可能会注意到巴尔巴罗首先用自己的个人手机打了一个电话，几秒钟后又在同一个基站的同一日志文件中看到来自他的某部一次性手机的电话或短信。随着时间推移，这些 IMSI 在同一基站同时出现的频次会高于正常水平，这个事实可能就说明了它们属于同一个人。

巴尔巴罗有很多手机可以随便使用，但问题是，不管他使用哪部手机，不管是个人手机还是一次性手机，只要他待在同一个地方，信号就会到达同一座蜂窝塔。他的一次性手机总是出现在他注册的手机旁边。而这部注册手机已经在一家运营商那里关联了他的名字，完全可以被追踪，以帮助执法部门确定他的身份。这为针对他的案件提供了确凿的证据——尤其是这种模式也在其他地方重复出现，帮助澳大利亚当局成功认定巴尔巴罗组织策划了澳大利亚史上规模最大的迷幻药走私案并将其定罪。

麦肯齐总结说："自从手机在我的口袋里振动、'斯坦'短暂地进入我生活的那天，我就格外清楚人们的通信会如何留下痕迹，不管他们有多谨慎。"

当然，你可以只用一部一次性手机。这就意味着你时不时需要使用预付卡或比特币匿名购买额外的使用时间。你可以在修改了无线网卡的 MAC 地址后使用一个公开的 Wi-Fi 安全地做到这件事，并且要躲开任何摄像头的视野。或者你也可以像之前的章节建议的那样，雇一个陌生人去店里用现金购买预付费的手机和几张充值卡。[2]这会增加成本，也可能不方便，但你会得到一部匿名的手机。

如果你可以渗透进 SS7，你就可以操纵通话

　　尽管蜂窝技术听起来可能很新潮，但它其实已经有超过 40 年的历史了，而且就像铜线电话系统一样，它传承着一些可能危害你的隐私的技术。

　　每一代手机技术都有新功能，主要目的是更高效地传输更多数据。20 世纪 80 年代的第一代手机（1G）让人们用上了移动通信技术。这些早期的 1G 网络和手持设备都是基于模拟技术的，而且它们使用的是现在已经停用的各种移动标准。1991 年，第二代（2G）数字网络推出。2G 网络提供了两个标准：全球移动通信系统（GSM）和码分多址（CDMA）。它也推出了短消息服务（SMS）、非结构化补充数据业务（USSD）以及其他今天仍在使用的简单通信协议。目前我们正处于 4G/LTE 阶段，正在向 5G 迈进。

　　无论运营商采用了哪一代技术（2G、3G、4G 或 4G/LTE），其底层都有一个国际性的信号协议，被称为信令系统（signaling system）。这个信令系统协议（目前是第 7 版）及其他事物能帮助你在高速公路上驰骋，并且在从一座信号塔到切换到另一座信号塔时保持移动通话的顺畅连接。它也可被用于监视。7 号信令系统（signaling system 7，简称 SS7）基本上能够完成路由通话所必需的一切，比如：

- 为通话设置一个新连接；
- 当通话结束时中断连接；

● 正确地为通话计费；

● 管理呼叫转移、主叫方名称及号码显示、三方通话和其他智能
　网络（IN）服务等额外功能；

● 免费电话和长途电话；

● 无线服务，包括用户身份识别、运营商和移动漫游。

　　在德国柏林举办的年度计算机黑客大会——混沌通信大会（Chaos Communication Congress）上，Sternraute 创始人托拜厄斯·恩格尔（Tobias Engel）和安全研究实验室（Security Research Labs）的首席科学家卡斯滕·诺尔（Karsten Nohl）在演讲中解释道，他们不仅可以定位世界上任何地方的呼叫者，还能窃听这些人的电话交谈。而且如果无法实时窃听，他们也可以将加密的电话和文本录下来，之后再解密。

　　在安全领域，你的安全程度取决于你最薄弱的环节。恩格尔和诺尔发现，尽管北美和欧洲的发达国家已经在开发相对安全和隐私的3G、4G 网络上投入了数十亿美元，但它们仍然必须使用 SS7 作为底层协议。

　　SS7 可以处理呼叫建立、计费、路由和信息交换功能的整个过程。这意味着如果你渗透进 SS7，你就可以操纵通话。SS7 允许攻击者利用尼日利亚这类国家的小型运营商获取欧洲或美国的电话呼叫。恩格尔说："这就像是你锁好了房子的前门，后门却大敞四开。"

　　这两位研究者测试了一种方法，当攻击者使用电话的呼叫转移功能时，SS7 会将目标对象拨出的电话转移给自己，之后再通过会议模式（三方通话）将接听者拉进来。一旦攻击者做好了安排，就可以窃听目标对象在世界任何地方拨出的所有电话。

　　攻击者可用的另一个策略是，设置无线电天线来收集一个给定区域内的所有蜂窝通话和短信。对于任何加密的3G 通话，攻击者都可以要求 SS7 提供正确的解密密钥。

　　"这全都是自动化的，只需要按一个按钮，"诺尔说，"这种间谍能力很完美，让我震惊，它可以被用来记录和解密几乎任何网络……任何我们测试过的网络都有效。"然后他列举了北美和欧洲几乎每一家重要的运营商，总共 20 家左右。

　　诺尔和恩格尔还发现，他们可以使用一个名叫"任意时间询问查询"（anytime interrogation query）的 SS7 功能定位任何手机用户的位置。也就是说，在 2015 年年初该功能关闭之前，他们都可以做到这件事。但是，因为所有运营商为了提供服务都必须追踪它们的用户，所以 SS7 还提供了其他功能，仍然可以做到某种程度的远程监视。应该指出的是，诺尔和恩格尔的研究公开以后，由他们确定的特定漏洞基本上已经被运营商解决了。

加密也无法保证通话的私密性

　　你可能认为仅仅通过加密就能帮助保证手机通话的私密性。从 2G 开始，基于 GSM 的手机通话就已经加密了。然而，最初在 2G 中用来加密通话的方法很弱，最终也被破解了。不幸的是，将蜂窝网络升级到 3G 的成本让许多运营商望而却步，所以一种弱化的 2G 网络直到 2010 年前后都仍在被使用。

　　2010 年夏天，诺尔领导的一个研究团队将 2G GSM 网络使用的所有可能的加密密钥本身进行了切分，然后对这些数字进行了处理，得到了一个所谓的彩虹表（rainbow table）——一种由预先算出的密钥或密码组成的表。他们发布了这个表，向全世界的运营商展示了使用 GSM 的 2G 加密究竟有多不安全。使用这个密钥表，仅需短短几分钟时间，每个经由 2G GSM 发送的语音、文本或数据的数据包（在来源和目标之间传输的数据的单元）都可被解密。这是一个极端案例，但该团队认为有必要展示出来。之前，诺尔等人将其发现交给运营商时，他们的警告被当成了耳边风。通过公开演示破解 2G GSM 加密的方式，他们或多或少地迫使这些运营商做出了改变。

要重点说明一下，现在仍然还存在 2G，而且运营商正在考虑将它们古老的 2G 网络的使用权卖给物联网设备（计算机之外其他连接到互联网的设备，比如你的电视和电冰箱）使用，这些设备仅需要偶尔进行一下数据传输。如果这种情况发生，就需要确保这些设备本身有端到端加密，因为我们知道 2G 本身无法提供足够强的加密。

在移动设备普及之前，窃听就已经存在了

当然，在移动设备真正普及之前，窃听就已经存在了。安妮塔·布施（Anita Busch）的噩梦始于 2002 年 6 月 20 日的那个早上，邻居急促的敲门声惊醒了她。某个人在她的汽车风挡玻璃上留下了一个弹孔，当时她的车停在车道上。不仅如此，汽车的引擎盖上还留下了一朵玫瑰、一条死鱼和一张字条，上面写着一个词："Stop"。[3] 之后她知道自己的手机被窃听了，而且并不是执法部门干的。

事实上，这个有一个弹孔和一条死鱼的场景是为了让人想起一部糟糕的好莱坞黑帮电影，由此就能理解其背后要表达的意思了。布施是一位经验丰富的记者，她受《洛杉矶时报》的委托，刚刚开始几周的自由撰稿人工作，准备记录有组织犯罪在好莱坞日益增长的影响。当时她正在调查史蒂文·西格尔（Steven Seagal）和他的前商业合作伙伴朱利叶斯·R. 纳索（Julius R. Nasso）——调查已经表明，纳索正与纽约黑手党密谋向西格尔敲诈钱财。

　　发现她车上的那张字条之后，布施又收到了一系列电话信息。打电话的人显然想告诉她一些关于西格尔的信息。再后来，布施了解到这个打电话的人受雇于安东尼·佩利卡诺（Anthony Pellicano），他曾经是洛杉矶的一个著名的私家侦探。在布施的车被人动了手脚之后，FBI 就已经怀疑佩利卡诺有非法窃听、贿赂、身份盗用和妨碍司法公正的行为了。布施的有线电话已经被佩利卡诺窃听。通过窃听布施的电话，佩利卡诺知道她当时正在写一篇关于他的客户的新闻报道。放在她车子上的死鱼是想警告她，让她停手。

　　窃听通常不只与电话有关，美国与窃听相关的法律也覆盖了对电子邮件和即时消息的窃听。现在我的重点是有线电话的传统窃听。

　　有线电话是你家或公司里面用实际的线缆连接起来的电话，而窃听也真正涉及切入真实的线缆中[①]。那时候，每家电话公司都有某种实体的开关库，它们可以在此之上执行某种形式的窃听。也就是说，电话公司有一些特殊的装置，而其框架技术可以将这些装置连接到中央办公室中主机上的目标电话号码。另外，还存在一些呼叫这些装置的额外的窃听设备，可用于对目标进行监控。现在，这种监听方式已经退休了，电话公司全部被要求实施 CALEA 规定的技术要求。

　　尽管现在越来越多的人都转向了移动电话，但很多人仍然保留着有线电话，因为他们觉得这些铜线连接的电话很可靠。其他人也使用被称为基于网络协议传输的语音（Voice over Internet Protocol，简称 VoIP）的技术，这是一种通过互联网打电话的技术，通常与你家里或办公室里的有线电视或互联网服务绑定在一起。无论是利用电话公司里的实体开关还是数字开关，执法部门都有能力窃听通话。

---

① 原文为 "wiretapping involves literally tapping into the live wire"，其中 "wiretapping"（窃听）一词是由 "wire"（线）和 "tapping"（切入）构成的。——译者注

1994 年的 CALEA 要求电信制造商和运营商修改它们的设备，以便执法部门能够窃听其线路。所以根据 CALEA，理论上美国境内所有有线电话的通话都很容易被拦截，而且所有执法部门都需要 Title III 授权令①才能读取这些电话。也就是说，普通公民的窃听行为仍然是违法的，而安东尼·佩利卡诺为了窃视安妮塔·布施和其他人就做了这种事。被他窃听的受害者还包括西尔维斯特·史泰龙（Sylvester Stallone）、大卫·卡拉丁（David Carradine）和凯文·尼龙（Kevin Nealon）等好莱坞明星。

窃听受害者名单中也包括我的朋友埃琳·芬恩（Erin Finn），因为她的前男友对她还很痴迷，想要追踪她的一举一动。由于她的电话线路被窃听，我在打电话给她的时候也被窃听了。这个故事中最酷的部分是 AT&T 为了集体诉讼和解而给了我几千美元，因为佩利卡诺窃听了我打给芬恩的电话。这倒是有些讽刺意味，因为在另一个场合，我也在窃听别人。佩利卡诺窃听别人的目的可能比我更有恶意。他试图恐吓证人，使其以特定的方式不做证或做证。

在 20 世纪 90 年代中期，必须要由技术人员安装窃听装置。所以佩利卡诺或他的手下必须雇用某个在 Pacific Bell 工作的人来切入布施和芬恩的电话线。这些技术人员需要在佩利卡诺位于比弗利山庄的办公室搭建目标电话的扩展设施。在这种情况下，窃听并非通过电话接线盒（房屋或公寓楼一侧的终端）来完成，尽管这是可能的。[4]

如果你读过我之前的书《线上幽灵》（Ghost in the Wires），你可能会记得，我有一次从我父亲位于卡拉巴萨斯的公寓驱车前往长滩，要在我已故兄弟的一位朋友肯特的电话线上安装一个实体窃听器。我兄弟因为吸毒

---

①　Title III 授权令（Title III warrant）是指美国 1968 年颁布的《综合犯罪控制与街道安全法第三篇》（Title III of the Omnibus Crime Control and Safe Streets Act，亦即"有线监听法"），其主要目的是防止政府未经允许而截取和监听私人通信。——译者注

过量而死一事存在很多疑点，而且我当时相信肯特和这件事有关，尽管之后我了解到他和这件事无关。在肯特居住的公寓楼的杂物间里，我通过社会工程假装成一个电话线技术人员给 GTE（通用电话电子公司）的一个特定部门打了一个电话，以便找到分配给肯特的电话的线缆位置，结果发现肯特的电话线穿过了一栋完全不同的公寓楼。然后，在另一个杂货间里，我终于将一个声控微型磁带式录音机夹在了接线盒（电话公司技术人员将电话线连接到各个公寓的地方）中他的电话线上。

之后，不管肯特什么时候打电话，我都可以在他毫无察觉的情况下记录双方的谈话——应该指出，虽然录音是实时的，但我听的时候却不是。在那之后的 10 天里，我每天都要开车 1 小时到肯特的公寓，听完取回的磁带，看有没有提到我的兄弟。不幸的是，里面没有什么相关的信息。多年以后我才知道，很可能是我的叔叔造成了我兄弟的死亡。

鉴于佩利卡诺和我都可以如此轻松地窃听私人的电话，你可能会疑惑，使用铜线连接的、显然要被窃听的有线电话时，怎样才能隐身？你不能隐身，除非购买专用设备。至于那些真正的偏执狂，可以选择一种能在铜线上加密你所有语音通话的有线电话。[5]这种电话确实能解决私人电话被窃听的问题，但必须要通话双方都使用加密才行；否则可能还是很容易被监控。对普通人来说，有一些关于电话的基础选择可以让我们避免被窃听。

数字电话让监视更简单

数字电话的发展没有让监控行为变得更难，反而使其更简单了。今天，如果要对一条数字电话线路进行监控，完全可以远程地实现。电话交换计算机只是简单地创建了另一个并行的数据流；不需要任何额外的监控设备。这也让人更加难以确定一条给定的线路是否遭到了窃听。而且在大多数案例中，这样的窃听都是偶然被发现的。

在希腊举办了 2004 年夏季奥运会之后不久，沃达丰（Vodafone）旗下的 Vodafone-Panafon 的工程师从公司的蜂窝网络中移除了一些流氓软件，这些软件被发现时已经在那里运行了一年多了。实际上，执法人员会截取经由任何蜂窝网络发送的全部语音和文本数据，为此他们会使用一种被称为 RES（远程设备控制子系统）的远程控制系统，该系统是模拟信号窃听器的数字等效形式。当被监视的目标拨打电话时，RES 会创建另一个数据流，并将其直接传送给执法人员。

在希腊发现的这些流氓软件进入了沃达丰的 RES，也就意味着在正规执法部门之外，还有其他人一直在窃听经由其蜂窝网络进行的通话；在这个案例中，窃听者感兴趣的是政府官员。在这届奥运会期间，有的国家（比如美国和俄罗斯）为国家级的通话提供了它们自己的私密通信系统。来自全世界的其他国家首脑和企业高管，使用的则都是已经受损的沃达丰系统。

调查表明，希腊总理及其妻子的通信在奥运会期间受到了监控，雅典市长、希腊欧盟专员、国防部、外交部、商船部和司法部的通信也未能幸免。另外，反全球化组织、执政的新民主党、希腊海军总参谋部的成员、和平活动人士和美国驻雅典大使馆的一位希腊裔美国员工的电话也遭到了截听。[6]

若不是沃达丰在调查另一起不相关的投诉（短信传送失败的比例高于正常水平）时找来自己的 RES 系统供应商爱立信（Ericsson），这种间谍活动可能还会持续更长时间。在执行了问题诊断之后，爱立信告知沃达丰：发现了流氓软件。

不幸的是，十多年过去了，我们仍然不知道谁是幕后黑手或原因为何。我们甚至不知道这种活动有多普遍。而更糟的是，沃达丰显然没有妥善做好调查工作。一个表现就是，覆盖该事件的关键日志文件丢失了。而且沃达丰没有在发现这个流氓程序后让其继续运行（这是计算机犯罪调查中的普遍做法），反而唐突地将其移出了它们的系统，这会给作案者提供预警，让他们可以进一步掩盖自己的踪迹。

沃达丰事件是一个让人不安的警示，提醒着我们要拦截我们的手机是多么容易。但即使你用的是数字电话，也有可以实现隐身的方法。

端到端加密移动 VoIP

除了手机和老式的有线电话，我在前面还提到了第三种电话选择——基于网络协议传输的语言即 VoIP。VoIP 适用于任何本身不带电话功能的无线设备（比如苹果的 iPod Touch），比起传统的打电话，这更像是网上冲浪。有线电话需要铜线；移动电话使用信号塔；而 VoIP 通过互联网传输你的语音——不管使用有线还是无线的互联网服务。VoIP 也适用于移动设备，如笔记本电脑和平板电脑，无论它们是否具有蜂窝服务。

为了省钱，很多家庭和办公室都已经切换到了 VoIP 系统，这些系统是由新服务提供商和已有的有线电视公司提供的。为各个家庭传输视频流和高速互联网的同轴电缆也可供 VoIP 使用。

好消息是 VoIP 确实会使用加密，尤其是一种被称为"会话描述协议安全描述"（session description protocol security descriptions，简称 SDES）的加密方法。但也有坏消息，SDES 并不是很安全。

SDES 的部分问题在于其加密密钥不是通过安全的 SSL/TLS（一种网络加密协议）分享的。但是，如果供应商不使用 SSL/TLS，那密钥就是明文发送的。它使用了对称加密，而不是非对称加密，这就意味着由发送方生成的密钥必须以某种方式传递给接收方，才能为电话解码。

　　让我们假设鲍勃想给在外国的艾丽斯打电话。鲍勃用 SDES 加密的 VoIP 电话为这场通话生成了一个新的密钥。鲍勃必须以某种方式让艾丽斯也得到这个新密钥，这样她的 VoIP 设备才能解码他的电话呼叫，他们才能进行交谈。SDES 提供的解决方案是，将该密钥发送给鲍勃的运营商，然后传递给艾丽斯的运营商，再分享给艾丽斯。

　　你看到哪里有问题了吧？还记得我在上一章谈到的端到端加密吗？接收方在另一端解密之前，通话一直保持加密状态。但 SDES 将来自鲍勃的密钥分享给了鲍勃的运营商，如果艾丽斯的运营商和他的不同，那么这场通话从艾丽斯的运营商到艾丽斯的阶段是加密的。中间的缺口大不大还存在争议。使用 Skype 和 Google Voice 的情况也与之类似。每当一个电话发起时，就会有新密钥生成，但这些密钥之后就传递给了微软和谷歌。多么想有一次私密的通话啊！

　　幸运的是，现在有一些可以端到端加密移动 VoIP 的方法。

　　来自 Open Whisper Systems 的 Signal 是一个免费的开源的手机 VoIP 系统，可为 iPhone 和安卓提供真正的端到端加密。

　　Signal 的主要优势是其密钥管理仅在通话双方之间处理，不会通过任何第三方。也就是说，就像在 SDES 中一样，每次通话都会生成新的密钥，但这些密钥的唯一副本存储在用户的设备上。因为 CALEA 允许读取任何特定电话的记录，那么在这种情况下，执法部门只能看到这家移动运营商的线路上有加密的流量，而无法了解其内容。而且开发了 Signal 的非营利性组织 Open Whisper Systems 也没有这些密钥，所以授权令也无法使用。这些密钥仅存在于通话两端的设备上。而且一旦通话终止，这些会话的密钥就会被销毁。

　　CALEA 目前还没有延展到终端用户或他们的设备上。

　　你可能认为在手机上使用加密会榨干你的电池。加密确实会耗电，但也不会消耗太多。Signal 会推送通知，就像 WhatsApp 和 Telegram 这些应用一样。因此，只有来电呼入时，你才会看到这些通知，而当你接听新来电时，这些通知的耗电量就减少了。安卓和 iOS 应用也会使用移动网络必备的音频编解码器和缓冲算法，所以同样在你打电话时，加密本身并不会耗费太多电量。

除了使用端到端加密，Signal 还使用了完全正向保密（perfect forward secrecy，简称 PFS）。PFS 是什么？这种系统为每一次通话都使用了稍有不同的加密密钥，所以就算真的有人拿到你加密的电话通话及用于解码该通话的密钥，你的其他通话仍然是安全的。所有 PFS 密钥都基于单个的原始密钥，重要的是，即使有人拿到了一个密钥，也并不意味着你的潜在敌人能够进一步读取你的通信。

The Art of Invisibility

短信加密，
预防信息泄密

04

如果现在有人拿到了你未加密的手机，这个人就能获取你的电子邮箱、社交网络账号，甚至也许是亚马逊账号的权限。在移动设备上和在我们的笔记本电脑或台式机上一样，我们不再单独登录各种服务；我们有移动应用，而且一旦我们登录过，它们就一直是开放的。除了照片和音乐，你的手机上还有其他一些特有的内容，比如短信。如果某人拿到了你未加密的实体移动设备，这些也会被暴露。

想一想这件事：2009年，华盛顿州朗维尤市的丹尼尔·李（Daniel Lee）因涉嫌贩卖毒品而被逮捕。[1]当他被关押时，警方搜查了他的没有密码保护的手机，马上就发现了几条与毒品有关的短信。其中一组短信来自一个被称为Z-Jon的人。

短信写道："我已经搞到了130，可以还我昨晚欠你的160。"根据法庭的证词，朗维尤市警不仅读了Z-Jon给丹尼尔的信息，还主动回复，安排他们的毒品交易。警方假装成丹尼尔给Z-Jon回复了一条短信，问他是否"需要更多"。Z-Jon回复说："是的，那真的很赞。"当Z-Jon——真名是乔纳森·罗登（Jonathan Roden）出来和"丹尼尔"碰面时，警方以试图持有海洛因的罪名逮捕了他。

警方还在丹尼尔的手机上注意到另一组短信，并在类似的情况下逮捕了肖恩·丹尼尔·欣顿（Shawn Daniel Hinton）。

在美国公民自由联盟（American Civil Liberties Union，简称 ACLU）的帮助下，罗登和欣顿都在 2014 年向华盛顿州最高法院提起了上诉，要求推翻下级法院的判决。他们声称警方侵犯了被告的隐私预期（expectation of privacy）。

华盛顿州法官说，如果丹尼尔先看到了罗登和欣顿的短信或指示警方人员回复"这不是丹尼尔"，就会改变这两个案件的基础。史蒂文·冈萨雷斯（Steven Gonzalez）法官在欣顿的案例中写道："短信可以包含与电话、密封的信件及其他传统通信形式相同的私密主题，这些传统通信形式历来受到华盛顿法律的大力保护。"

法官最后裁定，隐私预期应该从传统的纸质信件时代扩展到数字时代。在美国，执法部门在没有得到收信人许可的情况下不能打开密封的实体信函。隐私预期是一种司法测试①，用于确定美国宪法《第四修正案》声明的隐私保护是否适用。目前还不清楚法院将如何审判未来的案件，以及它们是否会考虑这个司法测试。

短信并不是直接传输的

短信技术（也称短消息服务，即 SMS）自 1992 年以来就一直存在。所有手机都能发送简短的短信，甚至功能手机（非智能手机）也不例外。短信不一定是点对点的：换句话说，短信并非真正地从一部手机直接到

---

① 司法测试（legal test）是指用于解决法学问题的各种常用的评估方法。在审判、听证会或其他类型的司法进程中，某些事实的结果或法律问题的解决可能取决于一项或多项司法测试的应用。——译者注

达另一部手机。和电子邮件一样，你在手机上输入的消息会以未加密的明文形式发送到一个短消息服务中心（short message service center，简称SMSC），这是移动网络中用于存储、转发和递送短信的部分——有时候这个过程会长达几个小时。

原生的移动短信（那些从你的手机而非某个应用发出的短信）会通过运营商的一个SMSC，在这里，它们可能会被储存，也可能不会。运营商称它们只会把这些短信保留几天。那段时间过后，运营商坚称你的短信只保存在发送和接收它们的手机上，而储存短信的数量取决于手机型号。尽管它们对公众这样说，但我认为美国所有的移动运营商都会保存人们的短信。

这些运营商的说法存在一些疑点。爱德华·斯诺登披露的文件表明，NSA和至少一家运营商比如AT&T关系密切。据《连线》杂志报道，从2002年开始（"9·11"事件后不久），NSA就一直在与AT&T接触，要求它们开始在一些运营商的设施中设立秘密房间。[2]其中之一位于密苏里州布里奇顿市，还有一个在旧金山市中心的福尔松街。最后，其他城市也加入进来，包括西雅图、圣何塞、洛杉矶和圣迭戈。设立这些秘密房间的目的是引导所有互联网、电子邮件和手机流量通过一个特殊的过滤器，这个过滤器会搜查其中的关键词。目前还不清楚这种搜查是否包含短信，但看起来我们可以合理地认为它确实包含。另外，我们也不清楚斯诺登事件之后，AT&T或任何其他运营商是否仍然在做这种事。

有一项线索表明这种做法没有继续。

在2015年的美国橄榄球联合会（AFC）冠军赛中，为了争夺第49届超级碗参赛资格，新英格兰爱国者队以45：7的成绩战胜了印第安纳波利斯小马队，同时也引发了争议。这次争议的核心是新英格兰爱国者队是否已经知道他们的橄榄球充气不足。美国职业橄榄球大联盟（NFL）对橄榄球的充气程度有严格的规定，而在那场季后赛之后，经认定，新英格兰爱国者队提供的球并不满足要求。这场调查的核心是爱国者队的明星四分卫汤姆·布雷迪（Tom Brady）发送的短信。

布雷迪公开否认参与此事。也许向调查人员展示他在比赛前或比赛过程中发送和接收的短信就能证实这一点。不过，在与关键调查人员会面那天，布雷迪突然更换了一部全新的手机，丢弃了原来那部从 2014 年 11 月用到 2015 年 3 月 6 日的手机。布雷迪后来告诉委员会，他已经销毁了原来的手机和上面所有的数据，包括之前保存的短信。为此，NFL 给了布雷迪停赛 4 场的处罚，这个处罚后来又被法庭命令解除。[3]

"在使用这部手机的 4 个月时间里，布雷迪收发了近万条短信，现在从那台设备中一条也拿不到，"联盟表示，"在上诉听证会之后，布雷迪先生的代表提供了一封来自他的手机运营商的信件，证实这部已销毁的手机曾经发送或接收的短信无法再恢复。"

所以，如果布雷迪已经从运营商那里拿到说明，证明他的短信全被销毁了，运营商也表示不会保留它们，那么延长短信寿命的唯一方法就是在云上备份你的移动设备。如果你使用了你的运营商的某项服务，甚至是谷歌或苹果的服务，这些公司就有可能获取你的短信。显然，布雷迪在紧急升级手机之前没有时间备份旧手机中的内容。

国会还没有解决一般的数据保留问题，尤其是手机的数据保留问题。事实上，最近几年美国国会一直在争论是否要求所有移动运营商将短信存档 2 年时间。

关于第三方应用，你不知道的事

所以，该如何保证你的短信私密呢？不要使用经由你的无线运营商传输的原生的短信服务，而是使用一个第三方应用。但选哪个呢？

若想隐藏网络身份，匿名地享受互联网，我们需要信任一些软件和服务。这种信任很难验证。一般来说，开源和非营利性组织提供的可能就是最安全的软件和服务，因为有数千双眼睛检查过这些代码，标记了任何看起来可疑或容易遭受攻击的地方。使用专有软件时，你或多或少得听供应商的话。

软件评测究其根本也只能告诉你那么一点信息，如一个特定的接口功能是如何工作的。那些评测者只是花几天时间研究研究这个软件，然后写写他们的印象。他们并没有真正使用这个软件，也不会长期报告发生的情况，只是记录一下自己的初始印象。

此外，评测者也不会告诉你是否可以信任这个软件。他们不会对产品的安全和隐私方面进行审查。而且，产品有一个驰名品牌也并不意味着它就是安全的。实际上，我们应该对流行品牌保持警惕，因为那可能会诱使我们产生虚假的安全感。不能供应商说什么你就信什么。

20 世纪 90 年代，当我需要加密我的 Windows 95 笔记本电脑时，我选择了诺顿公司一款现在已经停产的实用软件[①]产品——Norton Diskreet。彼得·诺顿（Peter Norton）是一个天才。他的第一个计算机实用软件可以自动恢复删掉的文件。20 世纪 80 年代，诺顿继续创造了大量伟大的系统实用软件，那时候能够理解命令提示符的人还很少。但是之后，他将这家公司卖给了赛门铁克，其他人也开始以他的名义编写软件。

在我拿到 Diskreet（一款已经不再供应的产品）的时候，DES56 位加密（DES 表示"数据加密标准"）还是很了不起的，那是你能想象到

① 实用软件（utility software）又译为公用软件、工具软件，是指用于分析、配置、优化或维护计算机的系统软件。实用软件是为给计算机提供支持而设计开发的，不同于直接执行用户的任务的应用软件（application software）。——译者注

的最强大的加密方法。为了让你更加了解背景情况，现在我们使用的是AES 256 位加密（AES 表示"高级加密标准"）。加密每增加 1 位，加密密钥的数量就会发生一次指数级增长，因此也会更加安全。当时，DES 56 位加密被看作是最安全的，直到 1998 年 8 月才遭到破解。[4]

　　无论如何，我都想看看 Diskreet 程序在隐藏我的数据方面是否足够稳健，也想让 FBI 在控制我的计算机时难以读取数据。在购买了这个程序之后，我黑入了赛门铁克并找到了该程序的源代码。[5] 我分析了它的功能和原理后，发现 Diskreet 仅使用了 56 位密钥中的 30 位——其他位只是用"0"来填充。这甚至还没有允许出口到美国之外的 40 位技术安全。

　　这意味着比起 Diskreet 产品的广告宣传，某个人或组织（NSA、执法部门或拥有高速计算机的敌人）攻破这款产品的难度实际上要小得多，因为它根本就没有真正使用 56 位加密。但这家公司还是宣称这款产品有 56 位加密。我决定使用其他工具。

　　公众如何知道这种事？他们不会知道的。

运动中的数据

　　据 Niche.com 提供的数据，尽管社交网络是最受青少年欢迎的通信方式，但文本消息仍然占据着主导地位。一项研究发现，87% 的青少年每天都发文本消息，相比之下，有 61% 的青少年说自己使用 Facebook，这是第二流行的选择。根据这项研究，平均而言，女孩每个月大概发送3 952 条文本消息，而男孩每个月大概发送 2 815 条。

　　好消息是今天所有流行的消息应用都在发送和接收文本时提供了某种形式的加密，也就是说，它们会保护所谓的"运动中的数据"（data in motion）。坏消息是它们并非全都使用了强加密。2014 年，安全公司 Praetorian 的研究者保罗·豪雷吉（Paul Jauregui）发现，避开 WhatsApp 所使用的加密是可能的，这涉及一种中间人（MitM）攻击，攻击者可以截取受害者和他的收信人之间的消息，并且可以看到每一条消息。豪雷吉说："NSA 会喜欢这种东西的。"在写作本书时，WhatsApp 所用的加密已经得到了更新，在 iOS 和安卓设备上都使用了端到端加密。而且 WhatsApp 的母公司 Facebook 也已经将加密带给了 9 亿 Messenger 用户——尽管这是需要选择才能使用的功能，也就是说你必须配置"私密对话"功能才能开启加密。

更糟糕的消息是存档数据即"静态数据"（data at rest）的遭遇。大多数移动消息应用并不加密存档的数据，不管这些数据是在你的设备上还是在第三方系统上。AIM[①]、Skype 等应用在储存你的消息时都没有加密。这意味着这些服务提供商可以阅读其中的内容（如果存储在云中）并将其用于广告。这也意味着如果执法人员（或犯罪黑客）拿到了这些物理设备的权限，他们就可以读到这些消息。

另一个问题是我们之前提到过的数据存留问题——静态数据会被保存多长时间？如果 AIM 和 Skype 毫不加密地存档你的消息，它们会存档多久？ Skype 的所有者微软公司曾经表明，Skype 可以通过自动扫描即时消息和短信来识别：

- 可疑的垃圾邮件；
- 已被标记为垃圾、欺诈或钓鱼链接的 URL。

---

① 全称为 AOL Instant Messenger，是美国在线（American Online，简称 AOL）于 1997 年 5 月推出的一款即时通信软件。——译者注

到目前为止，这听起来就像是那些公司在我们的电子邮件上执行的反恶意软件扫描活动。但是，其隐私政策继续写道："Skype 将在必要的时间内保留您的信息，以便达到本隐私政策第 2 条规定的所有目的，或遵守适用法律、法规要求以及有管辖权的法院发出的相关法令。"

这听起来就不太好了。"必要的时间"究竟是多长时间？

AOL 可能是每个美国人使用过的第一个即时消息服务。它已经存在很长时间了。AIM 最早是为台式机或传统个人电脑设计的，采用了出现在桌面右下角的小弹窗形式。现在你也可以通过移动应用的形式使用它。但在隐私方面，AIM 发出了一些危险的信号。首先，AIM 会存档经由其服务发送的所有消息。另外，就像 Skype 一样，它也会扫描这些消息的内容。第三个让人担忧的事情是，AOL 会将这些消息的记录保存在云中，以便在你使用一台不同于上次会话使用的终端或设备时也能读取聊天历史记录。

因为你的 AOL 聊天数据没有加密，而且保存在云上，可从任何终端获取，所以执法部门或犯罪黑客就可以很容易地取得一个副本。比如说，我的 AOL 账号就曾被一个脚本小子①黑掉了，他的网名是 Virus，真名是迈克尔·尼夫斯（Michael Nieves）。[6] 他通过对 AOL 搞社会工程（换句话说，打通电话然后甜言蜜语），获取了其内部名叫 Merlin 的客户数据库系统的权限，这让他可以将我的电子邮箱地址改成另一个地址，而这个新地址关联了他控制的另一个账号。一旦完成这些工作，他就可以重置我的密码并获取我过去所有的消息。2007 年，尼夫斯被指控犯有 4

---

① 脚本小子（script kiddie）是一个贬义词，用来描述以"黑客"自居并沾沾自喜的初学者。脚本小子不像真正的黑客那样发现系统漏洞，他们通常使用别人开发的程序来恶意破坏他人的系统。在人们的刻板印象中，脚本小子通常是一个没有专业经验的少年，企图让他的朋友感到惊讶而破坏无辜网站。——译者注

项重罪和 1 项轻罪，其起诉书中写道，因为他入侵了"内部 AOL 计算机网络和数据库，包括客户账单记录、地址和信用卡信息"。

正如电子前线基金会说的那样："无记录才是好记录。"AOL 有日志。

如何找到强加密的方法

非原生文本消息应用也许可以说它们有加密，但可能也并不是好加密或强加密。你应该寻找什么样的应用？一个提供了端到端加密的消息应用。也就是说，没有第三方能获取它的密钥。这些密钥应该仅存在于各自的设备上。也要注意，如果其中一台设备被恶意软件攻破，那么使用任何类型的加密都无济于事。

消息应用的基本"口味"有三种类型：

- 完全不提供加密——意味着任何人都可以读取你的文本消息。
- 提供加密，但不是端到端加密——意味着通信可以被服务提供商等具有加密密钥的第三方截取。
- 提供端到端加密——意味着通信无法被第三方读取，因为密钥存储在各自的设备上。

然而，AIM 等最流行的文本消息应用都不太私密。Whisper 和 Secret 可能也并非完全私密的。Whisper 的数百万用户以及市场都将其看作是匿名的，但研究者已经在某些声明中找到了漏洞。Whisper 会追踪自己的用户，而 Secret 用户的身份有时候也会暴露。

Telegram 是另一个提供了加密的消息应用，而且它也被看作是替代 WhatsApp 的一个流行选择。它可以在安卓、iOS 和 Windows 设备上运行。

然而，研究者已经发现，敌人可以攻破 Telegram 的服务器并获取关键数据。研究者还发现，检索加密的 Telegram 消息很简单，即使这些消息已经从设备上删除了。

所以，现在我们已经排除了一些流行的选项，还剩下什么？

还剩很多。当你使用 App Store 或 Google Play 时，可以寻找使用了所谓的无记录消息传输（off-the-record messaging，简称 OTR）的应用。这是一种更高标准的文本消息端到端加密协议，而且有很多产品都使用了它。[7]

你的完美文本消息应用还应该包含 PFS。这使用了随机生成的会话密钥，而且针对未来进行了弹性设计。也就是说，如果一个密钥泄露了，那么它就不能再被用于读取你未来的文本消息。

有好几种应用同时使用了 OTR 和 PFS。

Chat Secure 是一款可在安卓和 iOS 上使用的安全的文本消息应用，它还提供了一种被称为"证书锁定"（certificate pinning）的功能。也就是说，它包含了一个身份认证证书，这个证书保存在设备上。每当你的设备与 ChatSecure 的服务器连接时，设备上的应用中的证书就会与母舰上的证书进行比较。如果存储的证书不匹配，那么会话就不会继续。ChatSecure 做得很好的另一件事是加密存储在设备上的对话记录，即静态数据。

也许最好的开源选择是来自 Open Whisper Systems 的 Signal，它可以在 iOS 和安卓上使用。

另一个值得考虑的文本消息应用是 Cryptocat。它可以通过 iPhone 或传统个人电脑上的大多数浏览器使用，但不能在安卓上使用。

另外，在写作本书时，维护 Tor 浏览器的 Tor project 刚刚发布了 Tor Messenger。和 Tor 浏览器一样，这款应用可以让你的 IP 地址匿名，也就是使其中的消息很难被追踪（但是请注意，和 Tor 浏览器类似，出口节点在默认情况下并不受你控制）。即时消息使用了端到端加密。和 Tor 一样，对于初次使用的用户，这个应用有一点难，但最终它应该可以让文本消息真正变得私密。

另外，还有一些提供了端到端加密的商业应用。唯一需要注意的是，它们的软件是专有的，而且没有独立的评测，其安全性和完整性不能得到证实。Silent Phone 就提供了端到端加密的文本消息，但它确实会记录一些数据，尽管只是用于改进服务。加密密钥还是存储在设备上。把密钥存储在设备上意味着，某些机构或执法部门无法强迫该软件的开发商 Silent Circle 交出任何用户的密钥。

我已经讨论了如何加密运动中的数据和静态数据，以及如何使用端到端加密、PFS 和 OTR 来实现这一目标。那些不是基于应用的服务又怎样呢，比如网页邮箱？密码又该如何处理？

The Art of Invisibility

关闭同步， 伪造你的一切踪迹	05

2013 年 4 月，来自马萨诸塞州昆西市、曾是一名出租车司机的 22 岁的海鲁尔罗桑·马塔诺夫（Khairullozhon Matanov）与两个朋友（实际上是一对兄弟）一起去吃晚餐。他们 3 人谈论的话题包括那天早些时候在波士顿马拉松终点线附近发生的事件，有人在那里安装了一个装满钉子和火药的高压锅及一个计时器。其导致的爆炸造成 3 人丧生，超过 200 人受伤。与马塔诺夫同桌的这对兄弟塔梅尔兰·察尔纳耶夫（Tamerlan Tsarnaev）和焦哈尔·察尔纳耶夫（Dzhokhar Tsarnaev）之后被认定为主要嫌疑人。

尽管马塔诺夫说自己事先对这起爆炸事件并不知情，但据说爆炸发生后不久，他在与执法人员进行会谈时离开了现场，并从自己的笔记本电脑上迅速删除了浏览器历史记录。清除笔记本电脑的浏览器历史记录这个简单的动作，让他遭到了起诉。[1]

删除浏览器历史记录也是对大卫·科纳尔的指控之一，也就是那个入侵了萨拉·佩林的电子邮箱账号的大学生。不过好在当科纳尔清理自己的浏览器、运行磁盘碎片整理程序并删除了他下载的佩林的照片时，他还没有遭到调查。这里要传递的信息是：在美国，你不被允许清除你在自己计算机上做的任何事。检察官想查看你所有的浏览记录。

针对马塔诺夫和科纳尔的诉讼基于一项已存在近 15 年之久的法律——《上市公司会计改革和投资者保护法案》（参议院的说法）或《公司和审计问责制和责任法案》（众议院的说法），更常用的说法则是 2002 年的《萨班斯－奥克斯利法案》。这项法律的出现是由安然（Enron）公司的企业管理失当直接导致的。这家天然气公司之后被发现一直在欺骗投资者和美国政府。安然公司一案的调查者发现，调查一开始就有大量数据被删除了，这妨碍了检察机关了解该公司内部发生的确切情况。因此，参议员保罗·萨班斯（Paul Sarbanes）和众议员迈克尔·G. 奥克斯利（Michael G. Oxley）发起了一项立法提案，为数据保存增加一系列强制要求，其中之一就是浏览器历史记录必须保留。

据大陪审团的一份起诉书称，马塔诺夫有选择地删除了他的谷歌 Chrome 浏览器历史记录，而留下了 2013 年 4 月 15 日那一周某几天的活动。他受到了两项正式起诉："销毁、修改和伪造联邦调查中的记录、文件和实体对象，以及在涉及国际和国内恐怖主义的联邦调查中做出重大虚假、伪造和欺诈性的陈述。"他被判处了 30 个月的监禁。

在那之前，不管是针对企业还是个人，援引《萨班斯－奥克斯利法案》中浏览器历史记录条款的情况都很罕见。然而，马塔诺夫案确实是一个特殊案件，一个备受瞩目的国家安全案件。所以在那之后，检察官知道了这一条款的潜力，开始愈加频繁地援引它。

无痕浏览，你的一切踪迹都将消失

如果你无法防止别人监视你的电子邮件、电话和即时消息，无法合法地删除你的浏览器历史记录，你还能怎么办？也许你可以从一开始就避开对这些历史记录的收集。

Mozilla 的火狐、谷歌的 Chrome、苹果的 Safari、微软的 Internet Explorer 和 Edge 等浏览器全都提供了内置的匿名搜索选择，不管你想使用什么设备，传统个人电脑还是移动设备。无论哪种搭配，浏览器都会开启一个新窗口，并且不会记录你在此会话开启期间搜索的内容或浏览的互联网位置。关闭隐私浏览窗口，你访问过的地址的所有痕迹都将从你的个人电脑或其他移动设备上消失。为了隐私，你也要付出一些代价：除非你在隐私浏览时为网站保存了书签，否则你将无法返回；因为没有历史记录——至少你的机器上没有。

使用火狐浏览器上的隐私浏览窗口或 Chrome 浏览器上的无痕模式，你可能就感觉自己牢不可破了，但你的隐私网站访问请求（比如你的电子邮件）仍然必须经过你的 ISP（Internet service provider），即互联网服务提供商，也就是你花钱购买互联网服务或蜂窝服务的公司——而你的提供商可以截取其中传递的任何未加密的信息。如果你访问的网站使用了加密，那么 ISP 仍能获取访问的元数据，即某天某时你在某地访问了某网站。

不管是在传统的个人电脑上还是在移动设备上，当互联网浏览器连接到一个网站时，它首先会确定是否存在加密，如果存在加密，又是哪一种加密。用于万维网通信的协议被称为 http。这个协议是在地址之前指定的，也就是说，一个典型的 URL[①] 可能看起来是这样的：http://www.
mitnicksecurity.com，即使其中的"www"在某些情况下是多余的。

　　当你连接的网站使用了加密时，协议会稍有变化，不再是"http"了，
你会看到"https"。所以这个 URL 就变成了 https://www.mitnicksecurity.com。
这种 https 连接更加安全。其中一个原因是它是点对点的，但只有你直接
连接到网站本身才会这样。网上还有大量内容分发网络（Content Delivery
Network，简称 CDN）为它们的客户缓存页面，不管你在世界任何地方，
CDN 都能实现更快速的分发，因此这就可能出现在你和目标网站之间。

　　还要记住，如果你登录了你的谷歌、雅虎或微软账号，这些账号
可能也会记录你的个人电脑或移动设备上的网络流量——也许会用来
构建你的网络行为个人档案，以便这些公司能更好地定位你看到的广
告。有一种方法可以避免这种情况，那就是在你用完谷歌、雅虎或微
软账号后，记得退出账号，在下次你需要使用它们的时候再重新登录
回来。

　　此外，你的移动设备上还有内置的默认浏览器。这些浏览器都不
好，因为它们只是台式电脑或笔记本电脑浏览器的迷你版本，缺乏更稳
健版本所具有的一些安全和隐私保护。比如说，iPhone 预装了 Safari，
但你可能需要考虑在应用商店下载移动版的 Chrome 或火狐，这些浏览
器是专为移动环境设计的。更新版本的安卓系统默认预装了 Chrome。至
少所有的移动浏览器都支持隐私浏览。

　　如果你使用的是 Kindle Fire，那么你无法通过亚马逊下载火狐或

---

①　URL 是 Uniform Resource Location 的缩写，译为"统一资源定位符"，有时也被俗称
　　为网页地址（网址），但实际上网址的含义范围不止 URL，除去协议部分的 URL 或
　　IP 地址都可以被称为网址。如同在网络上的门牌，URL 是互联网上标准的资源地址。
　　URL 的标准格式为：协议类型 :[// 服务器地址 [: 端口号]] [/ 资源层级 UNIX 文件路径]
　　文件名 [? 查询] [# 片段 ID]。——译者注

Chrome。你就不得不使用一些手动操作，通过亚马逊的 Silk 浏览器来安装 Mozilla 的火狐或 Chrome。要在 Kindle Fire 上安装火狐，打开 Silk 浏览器并访问 Mozilla FTP 网站，选择"Go"，然后选择以扩展名".apk"结尾的文件。

只相信互联网的安全证书

隐私浏览不会创建临时文件，因此不会在你的笔记本电脑或移动设备上保存你的浏览历史。那某个第三方是否仍能看到你与某个特定网站的交互呢？可以，除非这个交互事先就加密了。为了实现这一目标，电子前线基金会已经打造出一款名叫 HTTPS Everywhere 的浏览器插件。[2]这款插件可用于传统个人电脑上的火狐和 Chrome 浏览器以及安卓设备上的火狐浏览器。在本书写作时，它还没有用于 iOS 的版本。但 HTTPS Everywhere 能带来一个明显的优势：在连接的前几秒里首先考虑安全，浏览器和网站会协商要使用哪种安全策略。你希望拥有我在上一章讨论过的 PFS，但并非所有网站都使用了 PFS。而且就算提供了 PFS，也并非所有协商都会以此告终。HTTPS Everywhere 可以在任何可能的时候都强制使用 https，即使没有使用 PFS 也一样。

安全连接还有另一个标准：每个网站都应该有一个证书，这是你在连接网站时得到的一种第三方的保证，比如，它可以确保你在连接美国银行网站时连接到的是真正的美国银行网站，而不是什么欺诈网站。现代浏览器与这些被称为"证书认证机构"（certificate authority）的第三方合作，保持列表更新。当你访问一个没有得到合适认证的网站时，你的浏览器会发出一个警告，询问你是否足够信任这个网站并且继续访问。你完全可以自己决定是否破例一次。一般而言，除非你了解这个网站，否则绝对不要破例。

　　另外，互联网上的证书也不止一种，证书还分很多级别。最常见的证书，也是你一直会看到的证书，仅仅用来确认域名属于请求该证书的人，这个使用电子邮件认证即可。操作的人可以是任何人，但这并不重要——这个网站有了一个可以被你的浏览器识别的证书。第二类证书也是一样，即组织证书（organizational certificate）。这意味着该网站与连接到同一域名的其他网站共享自己的证书。换句话说，mitnicksecurity.com上的所有子域名都共享同样的证书。

　　最严格的证书认证是所谓的扩展认证证书（extended verification certificate）。在所有浏览器上，当一个 URL 有一个扩展认证证书时，该 URL 的某些部分会变成绿色（一般是灰色的，就像该 URL 的其余部分一样）。在地址 https://www.mitnicksecurity.com 上进行点击，你应该就能看到关于证书及其所有者的额外详情，通常是提供该网站的服务器所在的城市和州。这种物理世界的确认表明，持有该 URL 的公司是合规的，并且已经得到了一个可信的第三方证书认证机构的确认。

关闭或伪造你的位置

　　你可能会想到移动设备上的浏览器能追踪你的位置，但你会惊讶于传统个人电脑上的浏览器也能做同样的事。确实如此，但这是怎么做到的？

　　还记得前面我解释了电子邮件元数据包含一路上为你递送电子邮件的所有服务器的 IP 地址吗？没错，情况一样，来自你的浏览器的 IP 地址可以确认你使用的 ISP，然后就能缩小你可能所在的地理区域的范围。

　　当你第一次访问特定要求你的位置数据的网站（比如一家天气网

站）时，你的浏览器应该会询问你是否要向该网站分享你的位置。这种分享的好处是，该网站可以为你定制自己的列表。比如说，你可能会在washingtonpost.com 上看到你所居住的城市中相关事物的广告，而不是华盛顿哥伦比亚特区的广告。

　　不能确定你过去是否回答过这个浏览器问题？那就试试这个测试页面吧：http://benwerd.com/lab/geo.php。很多测试网站都能显示你的浏览器是否正在报告你的位置，这只是其中一个。如果它确实正在报告而你又想隐身，那就禁用这个功能吧。幸运的是，你可以关闭浏览器位置跟踪。在火狐浏览器中，在地址栏输入 "about: config"，滚动到 "geo" 并将其设定改为 "disable"，保存你的修改。在 Chrome 中，进入 "选项 > 高级 > 内容设置 > 位置"，这里有一个 "不允许任何网站跟踪我的物理位置" 选项，可以禁用 Chrome 的地理定位。其他浏览器也有类似的配置选项。

　　你可能也想伪造你的位置——就算只是为了玩。要想在火狐中发送错误的坐标（比如白宫），你可以安装一个名叫 Geolocator 的浏览器插件。在谷歌 Chrome 中，可以勾选该插件内置的 "模拟地理位置坐标" 设置。另外，在 Chrome 界面中，在 Windows 系统上点击 Ctrl+Shift+I 或在 Mac 上点击 Cmd+Option+I 可以打开 Chrome 开发者工具。其中的 Console 窗口会打开，你可以点击 Console 右上角的 3 个竖点，然后选择 "More tools>Sensors"。一个传感器窗口将会打开，这让你可以设定你想分享的确切的纬度和经度。你可以使用某个著名地标的位置或选择某海洋之中的一个位置。不管用哪种方式，网站都无法知道你到底在哪里。

　　当你在上网时，你不仅可以掩盖你的物理位置，还能隐藏你的 IP 地址。之前我提到过 Tor，它可以让你访问的网站看到的 IP 地址是随机的。但并非所有网站都接受 Tor 流量。对于那些不接受 Tor 连接的网站，你可以使用代理。

开放代理（open proxy）是一种位于你和互联网之间的服务器。在第 2 章中我解释说，代理就像是外语翻译器——你对翻译器说话，然后这个翻译器对说外语的人说话，其中的信息仍然是完全一样的。我使用"代理"这个词描述了某个来自敌对国家、试图假装成友好伙伴国家的人给你发送电子邮件的方式。

你也可以使用代理来访问地理上受限的网站——如果你生活在一个谷歌搜索访问受限的国家。或者也许你需要隐藏自己的身份，以便通过某些网站下载盗版的内容。

但是，代理并非刀枪不入。使用代理时要记住，每个浏览器都必须手动配置，以指向代理服务器。而且就算是最好的代理网站也承认，聪明的 Flash 或 JavaScript 技巧仍然可以检测到你的底层 IP 地址，即你一开始用于连接代理的 IP 地址。通过阻止或限制浏览器使用 Flash 或 JavaScript，你能限制这些技巧的效果。但防止 JavaScript 监控你的最好方式是使用 HTTPS Everywhere 插件。

商业代理服务有很多。一定要阅读你注册的任何服务的隐私政策。你要关注该服务处理运动中的数据的方式，以及它是否遵守执法部门和政府对提供信息的要求。

也有一些免费代理，但为了使用这些服务，你必须应付毫无用处的广告流。我的建议是要小心提防免费代理。在 DEF CON[①] 20 的一场演讲中，我的朋友、安全专家切马·阿隆索（Chema Alonso）做了一个实验，他设置了一个代理，并且想吸引坏人去使用这个代理，所以他在 xroxy.com 上公告了这个代理的 IP 地址。几天之后，就有超过 5 000 人在使用他的免费"匿名"代理了。然而，其中大多数人都在使用它来进行诈骗。

---

① 世界知名的黑客大会。——译者注

但是另一方面，阿隆索可以使用这个免费代理轻松地向这些坏蛋的浏览器推送恶意软件，然后监视对方的活动。他也确实这么做了。为此他使用了一种名叫 BeEF 钩子的浏览器利用框架，还使用了终端用户证书许可（EULA），这样人们就不得不接受他做的事——读取经由该代理发送的电子邮件并确定它是否正在处理与犯罪活动有关的流量。这个故事的教训是：免费的东西都是有代价的。

如果你使用的代理使用了 https 协议，那么执法部门或某些机构就只能看到代理的 IP 地址，而看不到你在访问的网站上的活动——这个信息是加密的。正如我前面提到的，普通的 http 互联网流量没有加密，因此你必须使用 HTTPS Everywhere（没错，这就是我对大多数浏览器隐身难题给出的答案）。

你要确保敏感信息没有自动同步

为了方便，人们常常会在不同的设备上同步他们的浏览器设置。比如说，当你登录了 Chrome 浏览器或一台 Chromebook 时，你的书签、标签、历史记录和其他浏览器偏好设置都会通过你的谷歌账号同步。不管是在传统的个人电脑还是移动设备上，这些设置在你每次使用 Chrome 时都会自动加载。要选择应该将哪些信息同步到你的账号，请访问你的 Chrome 浏览器的设置页面。谷歌的控制盘给了你完全的控制权限，你可以选择移除哪些信息的同步，要确保敏感信息没有自动同步。Mozilla 的火狐也有同步选项。

同步的缺点是，攻击者只需要引诱你登录 Chrome 或火狐浏览器上的账号就行了，然后你的所有搜索历史都会被加载到他们的设备上。想象一下，如果你的朋友使用了你的电脑并选择登录到浏览器，你朋友的历史记录、书签等都会同步过来。这就意味着现在可以在你的计算机上查看你朋友的浏览历史等各种信息。另外，如果你使用一台公共终端登录了一个同步的浏览器账号而忘记登出，那么下一位用户将能看到你的浏览器书签和历史。如果你登录了谷歌 Chrome，那么甚至你的谷歌日历、YouTube 和谷歌账号的其他细节都将暴露。如果你必须使用公共终端，一定要注意在离开前退出账号。

　　同步的另一个缺点是，所有互连的设备都将显示同样的内容。如果你独自生活，那倒还好。但如果你共享了一个 iCloud 账号，就可能会引发不好的事情。例如，允许孩子使用家庭 iPad 的家长可能会无意中让他们看到成人内容。[3]

　　在科罗拉多州丹佛市的一家苹果零售店里，当地一位客户经理艾略特·罗德里格斯（Elliot Rodriguez）使用他已有的 iCloud 账号注册他的新 iPad。他的照片、短信、音乐和视频下载立刻就可以通过这台新 iPad 获取了。这样的便利节省了他很多时间：他无须为多台设备复制和保存所有的材料了。而且这让他无论选择使用什么设备都能访问这些项目。

　　之后的某个时候，罗德里格斯把自己的旧 iPad 交给了 8 岁的女儿，他认为这样很不错。事实上，让女儿连接到他的设备在短时间内确实是很不错的。罗德里格斯在他的 iPad 上会注意到女儿偶尔下载到旧 iPad 上的新应用。有时候他们甚至会分享家庭照片。然后，罗德里格斯去了一趟纽约——他常常去那里出差。

　　罗德里格斯没有多想就拿出他的 iPhone，记录了一些他与纽约情妇的美好瞬间，其中一些相当私密。他的 iPhone 上的这些图片自动同步到了科罗拉多州家中他女儿的 iPad 上。而且他女儿当然要问她母亲这个和爸爸在一起的女人是谁。无须多言，罗德里格斯回家时得好好解释一番了。

还有生日礼物的问题。如果你分享了设备或同步的账号，那么你对网站的访问可能会让收礼物的人察觉到自己在生日那天会收到的礼物。或者更糟糕的是，他们可能已经有这东西了。这是共享家庭个人电脑或平板电脑会带来隐私问题的又一个原因。

避免发生这种事的一个方法是设置不同的用户，这在 Windows 上是一个相对简单的步骤。你自己要保留管理员权限，这样你就可以给系统添加软件以及设置额外的家庭成员，让他们有各自的账号。所有的用户都只能用他们自己的密码登录，并且只能访问自己的内容、自己的浏览器书签及历史记录。

苹果公司允许在其 OSX 操作系统中进行类似的划分。但是并没有多少人会记得划分他们的 iCloud 空间。而且有时候，我们自己似乎并没有过错，只是科技背叛了我们。

在和好几个女人谈了几年恋爱之后，洛杉矶的一位电视制片人迪伦·门罗（Dylan Monroe）终于找到了"真爱"，并决定安定下来。他的未婚妻住进了他家，作为他们新生活的一部分，他毫无警觉地让未来的妻子连接到了他的 iCloud 账号。

当你想组建一个家庭时，将每个人都连接到同一个账号是合情合理的。这样就能让你和你所爱的人分享你们全部的视频、文本和音乐——除非这些东西都是现在的。对于你用数字存储的过去又该怎么办呢？

有时候，使用一个像 iCloud 这样的自动云备份服务意味着我们会积累很多年的照片、文本和音乐，我们往往会忘记其中一些，就像我们会忘记阁楼上旧盒子里的东西一样。

照片是离我们的记忆最近的东西。是的，你的配偶现在已经看过装满旧信件的鞋盒和几代人的照片了。但数字媒体让你无须太过费力就能获取数以千计的高清照片，这会带来新的问题。忽然之间，门罗的回忆（其中一些确实非常私密）就以照片的形式回来作祟了——这些照片现在出现在了他未婚妻的 iPhone 和 iPad 上。

有一些家具必须要搬出房子，因为有其他女人在沙发、桌子或床上和他做过亲密的事。他的未婚妻也拒绝去某些餐厅，因为她看见过其他女人和他一起坐在靠窗那桌或角落雅座的照片。

门罗充满爱意地满足了未婚妻的请求，即使未婚妻还要求他做出最后的牺牲：一旦两人结婚，就卖掉他的房子。所有这些，都是因为他将自己的 iPhone 和她的 iPhone 连接到了一起。

你今天搜索过的东西在明天可能会变成你的麻烦

云还带来了另一个有趣的问题。即使你删除了你的台式机、笔记本电脑或移动设备上的浏览历史，云中仍然保留了你的搜索历史记录副本。你的历史记录存储在搜索引擎公司的服务器上，很难删除，要做到一开始就不被存储就更难了。这里给出了一个例子，说明了如果隐秘的数据收集没有合适的语境，那么在之后的某个日期和时间，这些数据就可以被轻易地误解。我们很容易就能看到，一些无害的搜索集合在一起可能会带来麻烦。

2013 年夏末的一个早晨，在波士顿马拉松爆炸案发生仅仅几周之后，米歇尔·卡塔拉诺（Michele Catalano）的丈夫看见两辆黑色 SUV 停在了他位于长岛的房子前面。当他出门向这些官员打招呼时，他们要求确认他的身份并请他允许搜查这个房子。尽管米歇尔的丈夫不确定他们为什么要来这里搜查，但因为没什么需要隐瞒的，他就同意让他们进门了。在对房间进行粗略检查过后，这些联邦特工才进入正题。

"这个房子里面有人搜索过关于高压锅的信息吗？"

"这个房子里面有人搜索过关于背包的信息吗？"

显然，这家人通过谷歌进行的网络搜索触发了国土安全局先发制人式的调查。我们不清楚对卡塔拉诺一家调查的确切性质，但可以想见，在波士顿马拉松爆炸案发生后的几周时间里，一些特定的搜索组合在一起可能就预示着潜在的违法活动，因此会被标记出来。在 2 个小时之内，卡塔拉诺一家的清白就得到了证明，他们没有做任何潜在的不法之事。之后米歇尔将这段经历写在了 *Medium* 上，但愿它能作为一个警示：你今天搜索过的东西可能会在明天变成你的麻烦。

米歇尔的这篇文章指出，调查者可能无视了她的"我到底能用藜麦做什么"和"A-Rod 被停赛了吗"搜索。她说她搜索高压锅不过是想知道如何煮藜麦。而那个关于背包的查询呢？也只是因为她丈夫想要一个背包而已。

至少谷歌这家搜索引擎公司已经打造出一些能让你指定分享的信息内容的隐私工具。比如说，你可以关闭个性化广告跟踪，这样你在搜索巴塔哥尼亚（南美洲一个地区）时就不会看见关于南美洲旅行的广告。你也可以完全关闭你的搜索历史记录，或者在进行网络搜索时不登录 Gmail、YouTube 等任何谷歌账号。

即使你没有登录你的微软、雅虎或谷歌账号，你的 IP 地址仍然和你每次的搜索引擎查询绑定在一起。要避免这种一对一匹配，可以使用谷歌代理 startpage.com 或搜索引擎 DuckDuckGo。

　　DuckDuckGo 已经是火狐和 Safari 的一个默认选项了。和谷歌、雅虎、微软不一样，DuckDuckGo 没有任何用户账号的规定，而且该公司表示默认情况下不会记录用户的 IP 地址。该公司还维护着自己的 Tor 出口中继①，也就是说，你无须遭受太多性能滞后就能使用 Tor 在 DuckDuckGo 上进行搜索。[4]

　　因为 DuckDuckGo 并不追踪用户的使用情况，所以你的搜索结果不会根据你的搜索历史被过滤。大多数人没有意识到，过去在谷歌、雅虎和必应上搜索过的一切会过滤眼前看到的结果。比如说，如果搜索引擎看见你正在搜索与健康问题相关的网站，那么它将开始过滤搜索结果，并将与健康问题相关的结果推到非常靠前的位置。为什么要这么做？因为很少有人会麻烦地查阅搜索结果的第 2 页。有个互联网笑话说，如果你想知道埋葬尸体的最佳位置，试试第 2 页的搜索结果。

　　一些人可能喜欢略过那些看似无关的结果的便利性，但与此同时，这相当于把自己可能对什么感兴趣、对什么不感兴趣的决定权交给了搜索引擎。从很多指标上看，这都是审查。DuckDuckGo 确实会倾向有关联的搜索结果，但它的过滤方式是根据主题，而不是你的历史记录。

　　下一章将讨论网站让你难以对它们隐身的特定方法，以及为了匿名上网你可以怎么做。

---

① Tor 中继（Tor relay）也被称为"路由"（router）或"节点"（node），它们的功能是接收和传递 Tor 网络中的流量。出口中继（exit relay）是指 Tor 流量在到达目标站点位置之前的最后一个中继。——译者注

The Art of Invisibility

清除痕迹,
逃离网络追踪

06

要当心你在互联网上搜索的东西。不只有搜索引擎会跟踪你的上网习惯；你访问的每一个网站都会这么做。而且你可能觉得，相比于暴露给他人的隐私，其中一些网站知道得更多。比如，2015 年的一份报告发现，"70% 的健康网站的 URL 都包含了表明特定健康状况、治疗情况和疾病的信息"。[1]

换句话说，如果我在 WebMD① 上搜索 "athlete's foot"（足癣），未加密的"足癣"一词就会出现在我的浏览器地址栏里可见的 URL 中。这就意味着我的浏览器、ISP 和网络运营商等各方都能看到我在搜索关于足癣的信息。如果你访问的网站支持 https，那么在你的浏览器上启动 HTTPS Every where 可以加密你真正访问的内容，但无法加密 URL。甚至电子前线基金会也指出，https 并不是为隐藏你访问网站的身份而设计的。

此外，这项研究还发现，91% 的与健康相关的网站都会发出第三方请求。这些调用嵌入在网页本身之中，它们会请求获取微小的图像（你可能会在浏览器页面看到，也可能看不到），这能让其他第三方知道你

---

① "网医生"，美国联网医疗健康信息服务平台。——译者注

正在访问某个特定页面。搜索一次"足癣"，当搜索结果加载到你的浏览器中时，就已经有多达 20 个不同的实体获悉了该消息——从医药公司到 Facebook、Pinterest、Twitter 和谷歌。现在，它们都知道你搜索过关于足癣的信息了。[2]

第三方会使用这些信息为你提供定向在线广告。另外，如果你登录了这家健康医疗网站，它们可能还会取得你的电子邮箱地址。还好我能帮助你防止这些实体了解更多关于你的信息。

在 2015 年的一项研究分析过的健康医疗网站中，排名前 10 位的第三方是谷歌、comScore、Facebook、AppNexus、AddThis、Twitter、Quantcast、亚马逊、Adobe 和雅虎。其中一些（comScore、AppNexus 和 Quantcast）会像谷歌一样检测网络流量。在上面列出的这些第三方中，谷歌、Facebook、Twitter、亚马逊、Adobe 和雅虎会为商业目的而监控你的活动。比如，这样它们就可以在你未来的搜索中加载治疗足癣的广告了。

这项研究还提到了第三方 Experian 和 Axiom。它们只是简单的数据仓库，会尽可能地收集关于一个人的更多数据，然后出售这些数据。还记得我之前建议你使用的安全问题和创意答案吗？ Experian 和 Axiom 这样的公司往往会收集、提供和使用这些安全问题来构建网络档案。对想为特定类型的人口定向投放产品的营销人员来说，这些档案很有价值。

这是如何办到的？

不管你是手动输入 URL 还是使用搜索引擎，互联网上的每个网站都有一个主机名（hostname）和一个用数字表示的 IP 地址（有的网站只有数字地址）。但现在，你基本看不见数字地址了。你的浏览器将其隐藏起来，并且使用了一个域名系统（DNS）将网站的主机名翻译成特定的地址，比如谷歌的地址是 https://74.125.224.72/。

DNS 就像一个全球性的电话簿，可以实现主机名和你刚才请求的网站服务器的数字地址的交叉参照。在你的浏览器中输入"Google.com"，

DNS 就会联系地址为 https://74.125.224.72 的服务器。然后，你就能看到带有一个空白搜索框的熟悉的白色页面，那个搜索框上面可能还有当天的 Google Doodle[①]。理论上讲，这就是所有网络浏览器的工作方式，实际涉及的过程当然更复杂一点。

在通过数字地址确认了网站之后，你的网络浏览器会收到回传的信息，然后开始"搭建"你所看到的网页。当该页面回到你的浏览器上时，你就能看到那些期待中的元素——你想检索的信息、任何相关的图片以及导航到该网站其他部分的路径。但通常而言，这些元素会向其他网站调用额外的图像或脚本。其中一些、甚至全部脚本都是为跟踪目的而设计的，大多数情况下你并不需要它们。

几乎每一种数字技术都会产生元数据

几乎每一种数字技术都会产生元数据，而且毫无疑问，你已经猜到了，浏览器也没有什么不同。如果你访问的网站对你的浏览器发出了查询，那么浏览器就会暴露你的计算机配置等相关信息，比如你使用的浏览器和操作系统的版本，你在浏览器上安装了什么附加组件，以及在你搜索的时候计算机上还运行着其他什么程序（比如 Adobe 的产品）。这甚至能暴露你的计算机硬件的细节，比如屏幕的分辨率和板载内存的容量。

你可能认为读了这么多内容后，你在网络隐身方面应该已经前进了一大步。你确实进步了，但还有更多工作要做。

---

① Google Doodle 是为庆祝节日、纪念日、成就以及纪念杰出人物等而对谷歌搜索首页商标做出的一种特殊的临时变更。——译者注

　　花点时间访问一下 Panopticlick.com。这个网站是由电子前线基金会设立的，可以基于运行在你的个人电脑或移动设备操作系统上的程序和你可能已经安装的插件，来确定你的浏览器配置和其他人的比起来有多常见或多独特。换句话说，你是否有任何可以用来限制或者防止 Panopticlick 从你的浏览器直接搜集信息的插件？

　　Panopticlick.com 的结果显示在左边，如果结果中的数字很大（比如说是一个 6 位数），那就表明你或多或少是独特的，其他计算机与你的浏览器设置相同的概率低于十万分之一。恭喜你。但是，如果你的数字很小（比如说低于 3 位数），那么你的计算机设置就相当常见，其他计算机与你的浏览器设置相同的概率是几百分之一。也就是说，如果我的目标是你（要向你投放广告或恶意软件），那我就不需要太费劲，因为你的浏览器配置很常见。

　　你可能会认为常见的配置能帮助你隐身——你是芸芸众生的一部分，你混迹其中。但从技术角度来看，这也为你开启了恶意软件之门。黑客罪犯无须太过劳心劳力。如果一栋房子的门开着，旁边一栋房子的门关着，你觉得窃贼会盗窃哪一家？如果黑客知道你有常见的设置，那么你可能就缺乏可以提升自身安全度的特定保护。

　　我刚刚从讨论市场营销人员试图跟踪你的网络浏览转向了黑客是否可能使用你的个人信息盗取你身份的情况。这些情况非常不同。营销人员收集信息的目的是创建能让网站赢利的广告。如果没有广告，有的网站就没法继续运营。然而，营销人员、黑客和某些机构都想得到你可能并不想给出的信息，因此，为了便于论述，在涉及侵犯隐私的问题上，它们往往都被放在一起讨论。

　　要做到不起眼又不会被网络窃听，可以使用虚拟机（virtual machine，简称 VM），它可以使 Mac OSX 等操作系统在你的 Windows 操作系统上作为访客运行。你可以在你的台式机上安装 VMware，并用它安装另一个操作系统。当你做完了你的事情之后，只需要关闭它就行了。这个操作系统以及你在其中所做的一切都将消失。但是你保存的文件仍然会留在你保存的位置。

另外，需要注意的是，营销人员和黑客罪犯之类的人可以通过所谓的单像素图像文件或网络信标（web bug）来了解关于网站访问者的信息。例如一个空白的浏览器弹窗，它是一个放在网页上某处的 1×1 像素的图像，尽管我们看不见，它也会被将其放置于此的第三方网站调用。其后端服务器会记录试图显示该图像的 IP 地址。放置在医疗网站上的一个单像素图像可以让制药公司知道你对足癣治疗感兴趣。

我在本章开始时提及的那项 2015 年的研究发现，近半数的第三方请求都只是打开了不包含任何内容的弹窗。这些"空白"窗口会生成让人无法察觉的第三方主机请求，其目的只有跟踪。你可以通过指示你的浏览器不允许弹窗出现来避免这些问题（而且还能消除那些烦人的广告）。

安装插件，让网络无法识别你的第一步

根据这项研究，其余的第三方请求中的 1/3 都是由小段代码行组成的，即 JavaScript 文件，这些文件通常只是在网页上执行动画。网站基本上可以通过读取请求这些 JavaScript 的 IP 地址来识别接入该网站的计算机。

即使没有单像素图像或空白弹窗，你访问的网站仍然可以跟踪你的网络浏览情况。比如，亚马逊可能知道你访问的前一个网站是医疗网站，所以它会在自己的网站上向你推荐医疗产品。实际上，亚马逊可能在你的浏览器请求中看到了你上次访问的网站。

亚马逊为此要使用第三方的参照网址（referrer）——网页请求中能

告诉新网页该请求的来源的文本。比如说，如果我在《连线》杂志的网站上阅读一篇文章，这篇文章中包含一个链接，当我点击这个链接时，新网站将会知道我之前是在浏览 Wired.com 的一个页面。你可以看到这种第三方跟踪会如何影响你的隐私。

要避免这种情况，你可以总是先进入 Google.com，这样你想访问的网站就不知道你之前在浏览什么了。我不觉得第三方的参照网址有什么大不了的，除非你想掩饰你的身份。这又是一个需要在便捷性（直接前往下一个网站）和隐身性（总是从 Google.com 开始）之间做出权衡的例子。

Mozilla 的火狐浏览器可以通过 NoScript 插件[3] 提供应对第三方跟踪的最佳防御。这个附加组件能够有效屏蔽被认为对你的计算机和浏览器有害的一切，即 Flash 和 JavaScript。添加安全插件会改变你的浏览器会话的外观和体验，但你也可以优选和启用其中一些特定的功能或永久性地信任某些网站。

启动 NoScript 的一个结果是，你访问的网页将不再有广告，当然也没有第三方的参照网址。屏蔽这些东西之后，网页看起来会比不启动 NoScript 的版本稍微沉闷呆滞一点。但是，如果你想看页面左上角 Flash 编码的视频，你也可以指定呈现某个元素，同时继续屏蔽其他所有元素。或者如果你感觉可以信任这个网站，就可以临时或永久地允许其页面加载所有元素——在银行网站上你可能就需要这么做。

在这方面，Chrome 浏览器有 ScriptBlock 插件，可以让你防御性地屏蔽一个网页上的脚本使用。对那些可能浏览允许弹出成人娱乐广告的网站的儿童而言，这个插件会很有用。

屏蔽网页上可能有害（而且肯定会侵犯隐私）的元素将保护你的计算机不被广告生成的恶意软件攻陷。比如说，你可能已经注意到了出现在谷歌首页上的广告。事实上，你不应该在你的谷歌首页上看到闪烁的广告。如果你看到了这种广告，那么你的计算机和浏览器可能已经被攻陷了（也许在一段时间之前），因此你可能即将看到包含了木马病毒（比如可以记录你按的每个键的键盘记录器）和其他恶意软件（如果你点击了它们）的第三方广告。即使这些广告不包含恶意软件，广告主也能根据它们得到的点击次数获得收入。被他们欺骗进行点击的人越多，他们赚的钱就越多。

　　NoScript 和 ScriptBlock 虽好，但并不能屏蔽一切。要得到让浏览器免受威胁的完全保护，你可能需要安装 Adblock Plus。唯一的问题是 Adblock 会记录所有东西：这又是一个会跟踪你的浏览历史的公司，就算你使用了隐私浏览也一样。但是，在这个案例中，得（屏蔽潜在的危险广告）大于失（让他们知道你浏览过哪些网站）。

　　Ghostery 也是一个有用的插件，而且在 Chrome 和火狐上都可以使用。Ghostery 可以识别网站用来跟踪你的活动的所有网络流量跟踪器（DoubleClick 和 Google AdSense）。和 NoScript 一样，Ghostery 也能让你精准控制你想在每个页面上允许的跟踪器。其网站表示："屏蔽跟踪器将能阻止它们在你的浏览器中运行，这有助于控制你的行为数据被跟踪的方式。要记住，有的跟踪器可能很有用，比如社交网络 feed 小部件或基于浏览器的游戏。屏蔽它们可能会给你访问的网站造成意料之外的影响。"也就是说，安装 Ghostery 之后，有的网站将无法工作。幸运的是，你可以根据网站来选择禁用它。

为了获胜，你必须彻底删除最难处理的 cookie

　　除了使用插件让网站无法识别你，你可能也想进一步迷惑潜在的攻击者——通过使用各种为个人目的量身定制的电子邮箱地址。比如说，在第 2 章中我谈到为了在不被检测的情况下进行通信而创建匿名电子邮箱账号的方式。与之类似，为普通的日常浏览创建多个电子邮箱账号也是一个不错的选择——不是为了隐藏，而是为了让互联网上的第三方对你的兴趣更低。与只拥有一个可识别的地址相比，拥有多个网络个人档案对隐私的影响会小得多。这会让任何人都更难以构建出你的网络档案。

假如说你想在网上购买什么东西。你可能就需要创造一个专门用于购物的电子邮箱地址，还需要将使用这个电子邮箱地址购买的商品都寄送到你指定的邮筒箱，而不是你的家庭地址。[4] 此外，你可能还需要使用礼品卡进行购物，也许是一张时不时要进行更新的礼品卡。

通过这种方式，销售你购买的产品的公司将只能获得你的非主要电子邮箱地址、非主要真实地址和基本上用后即抛的礼品卡。如果该公司发生了数据泄露，至少攻击者无法得到你真正的电子邮箱地址、真实地址或信用卡号码。断开与网络购物事件的联系是一种很好的隐私保护措施。

你或许需要为社交网络创建另一个非主要电子邮箱地址。这个地址可能会变成你"公开"的电子邮箱地址，陌生人和不够熟的人可以使用这个地址联系你。同样，这么做的好处是，人们不会知道太多关于你的信息，至少无法直接了解。通过让每一个非主要地址都有一个独特的名字（不管是你真实名字的变体还是另一个完全不同的名字），你还可以进一步保护自己。

如果你选择了前者，一定要小心谨慎。你也许不应该列出一个中间名——或者如果你一直使用的是中间名，那就不应该列出你的名字。即使是 JohnQDoe@xyz.com 这样看似无害的地址，都能暗示我们你有一个中间名，而且是以字母 Q 开头的。这就是一个在不必要的时候给出了个人信息的例子。记住，你应该尽力融入背景之中，不要让别人注意到你。

如果你要使用与你的姓名无关的词或短语，就要尽可能使其无法揭示任何信息。如果你的电子邮箱地址是 snowboarder@xyz.com，我们可能不知道你的名字，却知道了你的一个爱好。最好选择一些一般属性的东西，比如 silverfox@xyz.com。

你当然也需要一个个人电子邮箱地址。你应该只与你亲近的朋友和家人分享这个地址。而且最安全的措施往往也有很大的好处：你会发现，如果不使用你的个人电子邮箱地址进行网络购物，你就不会收到大量的垃圾邮件。

避开社交网站中的陷阱

手机也躲不开企业的跟踪。2015 年夏季，一位目光敏锐的研究者发现 AT&T 和 Verizon 会在每个经过移动浏览器请求的网页中附带额外的代码。这不是我在第 3 章中谈过的 IMSI，而是一种与每个被请求的网页一起发送的独特识别码。这种识别码被称为唯一标识符标头（unique identifier header，简称 UIDH），是一种可被广告主用来确定你在网络上的身份的临时序列号。这位研究者在配置了自己的手机，使其记录所有网络流量（不会有太多人做这种事）之后，才发现了这个情况。他注意到 Verizon 用户有额外的数据消耗，之后他又发现 AT&T 用户也是一样。[5]

这种附加代码的问题在于用户未被告知相关情况。比如说，如果那些下载了火狐移动应用并使用了插件来增强自己隐私的人使用的是 AT&T 或 Verizon，那他们仍然会被 UIDH 码跟踪。

在这些 UIDH 码的帮助下，Verizon 和 AT&T 可以将流量与你的网络请求关联起来，用于构建你的移动网络身份档案以便未来打广告，也可以直接将原始数据卖给其他公司。

AT&T 已经停止了这种做法——目前是停止了。Verizon 将其做成了一个可选项，让终端用户可以自己设置。[6] 注意：如果不选择退出，你就是允许 Verizon 继续这么干。

即使关闭了 JavaScript，网站仍然可能会向你的浏览器传回一个带有数据的文本文件，这个文件被称为 http cookie。这个 cookie 可以存储很长时间。cookie 一词是 magic cookie 的简称，指一些由网站发送并且存储在用户的浏览器中的文本，这些文本可用于对事物（比如购物车里面的商品）进行跟踪或进行用户授权。最早在网络上使用 cookie 的是网景（Netscape）公司，最初的目的是帮助创建虚拟购物车和电子商务功能。cookie 通常存储在传统个人电脑的浏览器上，并且有过期日期，尽管这些日期可能是在几十年之后。

cookie 危险吗？不危险——至少它本身并不危险。但是 cookie 能向第三方提供关于你的账号和特定偏好的信息，例如你在天气网站上最偏爱的城市或在旅行网站上的航空公司偏好。如果已经有了 cookie，当你的浏览器下一次连接到该网站时，该网站就会记起你是谁，然后可能会说"你好，朋友"。而如果这是一家电商网站，它可能还记得你最近购买的一些东西。

cookie 并不会真正在你的传统个人电脑或移动设备上保存这些信息。就和使用 IMSI 作为代理的手机一样，cookie 包含位于网站后端的数据的代理。当你的浏览器加载了一个附带 cookie 的网页时，你还会收到专属于你的额外数据。

cookie 不仅能保存你个人的网站偏好，还能为它所在的网站提供有价值的跟踪数据。比如，你是一家公司的潜在客户，并且之前为了获取一份白皮书输入过你的电子邮箱地址或其他信息，那么你的浏览器中很可能就会有一个 cookie，它可以在后端将关于你的信息与某个客户记录管理（CRM）系统（比如 Salesforce 或 HubSpot）进行匹配。现在，每当你访问该公司的网站时，网站都可以通过 cookie 识别出你的身份，并且这次访问会被记录在 CRM 中。

cookie 是分开使用的，也就是说，网站 A 没有必要查阅网站 B 的 cookie 的内容。也存在例外，但通常这些信息是分开的，并且相当安全。但从隐私的角度看，cookie 的隐身效果并不好。

你只能存取同一个域中的 cookie，域是指分配给特定人群的一组资源。广告代理商往往会将多个网站组成更大规模的网络，通过加载一个可以跟踪你在这些网站上的活动的 cookie 而做到这一点。但一般而言，cookie 不能访问其他网站的 cookie。现代浏览器为用户提供了控制 cookie 的方式。如果使用匿名或隐身浏览功能上网，你的浏览器就不会保存你访问特定网站的历史记录，你也不会为该会话获得新的 cookie。但如果你有之前访问的 cookie，那这个 cookie 仍然会在隐身模式中使用。另一方面，如果你一直使用常规浏览模式，你可能时不时需要手动移除过去几年累积的一些或全部 cookie。

应当指出，移除全部 cookie 可能并不可取。有选择性地移除那些你不在乎的、只访问了一次的网站的 cookie 将有助于清除你在互联网上的痕迹。你再次访问该网站时，这些网站将无法认出你。但对一些网站，比如天气网站而言，每次访问都输入邮政编码是很让人厌烦的，而一个简单的 cookie 可能就足够了。

你可以通过使用附加组件移除 cookie，也可以进入浏览器的设置或偏好选项部分，这里通常有删除一个或多个（甚至全部）cookie 的选项。你可能也想根据具体案例决定你的 cookie 的命运。

有些广告商会使用 cookie 跟踪你在它们投放了广告的网站上停留的时间。有的 cookie 甚至还能记录你之前的访问情况，即所谓的参照网址。你应当立即删除这些 cookie。你可能只会识别出其中一些，因为这些 cookie

的名称并不包含你所访问的网站的名称。比如，一个参照网站的 cookie 可能显示为"Ad321"，而非"CNN"。你可能也需要考虑使用 cookie 清理软件工具来帮你轻松管理 cookie，比如 piriform.com/ccleaner 的工具。

但是，有一些 cookie 不会受到你在浏览上做的任何决定的影响。这些 cookie 被称为超级 cookie，它们存储在你的计算机上，但在浏览器之外。超级 cookie 可以在你使用任何浏览器（今天用 Chrome，明天用火狐）时存取网站偏好并跟踪数据。你应该删除浏览器中的超级 cookie，否则你的传统个人电脑会在你的浏览器再次访问该网站时试图从存储器中重建 http cookie。

你可以删除浏览器之外两种特定的超级 cookie——来自 Adobe 的 Flash 和来自微软的 Silverlight。这两个超级 cookie 都不会过期。而且通常删除它们是安全的。[7]

然后我们就迎来了最难处理的 cookie。因创造了在 Myspace 上快速传播的蠕虫病毒 Samy 而闻名的萨米·卡姆卡尔（Samy Kamkar）曾经创造出一种非常非常顽固的 cookie，他称之为 Evercookie。卡姆卡尔将 cookie 数据保存在 Windows 操作系统上尽可能多的浏览器存储系统中，从而实现了这种顽固性。只要其中一个存储位置仍然保持原样，Evercookie 就会试图将该 cookie 重新保存在其他每个地方。[8] 只是简单地从浏览器的 cookie 存储缓存中删除 Evercookie 还不够。就像小孩子玩的打地鼠游戏一样，Evercookie 会不断冒出来。为了获胜，你需要将它们从你的机器上完全删除。

考虑一下你的浏览器上可能有多少 cookie，再用这个数字乘以你的机器上可能的存储位置的数量，你恐怕会发现这将耗上一个漫长的下午和夜晚。

卸载工具栏

想跟踪你的网络活动情况的不只有网站和移动运营商。一个不再只是社交媒体的平台——Facebook 已经变得无处不在。你可以在登录 Facebook 之后使用同一个账号登录或注册各种其他应用。

这种做法有多普遍？有不止一份营销报告发现，88% 的美国消费者都曾使用过来自 Facebook、Twitter 和 Google Plus 等社交网络的已有数字身份登录其他网站或移动应用。

这种方便有利有弊。这种做法被称为 OAuth，即使在不输入密码的情况下，它也能让网络信任你的身份认证协议。一方面，这很快捷：你可以使用已有的社交媒体密码访问新网站；另一方面，这让社交媒体能够收集关于你的信息以便构建营销档案。而且不只是单一一个网站，它知道你使用其登录信息访问过的所有网站和所有品牌。使用 OAuth 时得到的便利让我们放弃了大量隐私。

Facebook 可能是所有社交媒体平台中"黏性"最高的。登出 Facebook 可能会取消你的浏览器访问 Facebook 及其网页应用的权限。此外，Facebook 还添加了用于监控用户活动的跟踪器，这种跟踪器甚至在你登出之后还会继续工作，能够请求你的地理位置、你访问的网站、你在每个网站的点击情况和你的 Facebook 用户名等信息。隐私团体已经表达了担忧，称 Facebook 意图跟踪其用户正在访问的一些网站和应用的信息，以便展示更加个性化的广告。

这里要表达的是，Facebook 和谷歌一样，想要关于你的数据。它们可能不会正大光明地索取，而是想方设法得到。如果你将你的 Facebook 账号和其他服务连接到一起，该平台就会获得你在其他服务或应用上的信息。或许你会使用 Facebook 来访问你的银行账号——如果你这样做了，它就会知道你使用的是哪家金融机构。若仅使用一种授权认证，则意味着如果有人控制了你的 Facebook 账号，这个人就能访问与该账号连接的所有其他网站，甚至是你的银行账号。在安全业务中，最好永远不要出现我们所说的单点故障[①]。尽管要多花点时间，但仅在你需要时登录 Facebook 并且单独注册你使用的每个应用是值得的。

此外，Facebook 还以"没有行业共识"为由，故意不遵守 Internet Explorer 发出的"请勿追踪"信号。Facebook 的跟踪器都是经典类型：cookie、JavaScript、单像素图像和 iframe。这能让目标广告商扫描并读取特定的浏览器 cookie 和跟踪器，从而在 Facebook 网站内和网站外提供产品、服务和广告。

幸运的是，有一些浏览器扩展可以屏蔽第三方网站上的 Facebook 服务，比如用于 Chrome 的 Facebook Disconnect 和 Adblock Plus 的 Facebook Privacy List（火狐和 Chrome 都可用）[9]。最终，这些插件工具的目标是让你能控制你在 Facebook 和其他任何社交网络上分享的内容，而不是迫使你坐在一个次要位置上，让你使用的服务主宰你的各种事物。

考虑到 Facebook 对其 16.5 亿用户的了解程度，这家公司的表现已经相当仁慈了——到目前为止确实如此。[10] 它拥有海量数据，但就像谷歌一样，它选择不使用所有数据。但这并不意味着在未来也不会用。

比特币，寻求隐私者的最佳选择

同样寄生在浏览器中，但比 cookie 更加明显的功能是工具栏。在传统个人电脑浏览器的顶部，你可能会看到标记有"YAHOO"、"MCAFEE"

---

① 单点故障（single point of failure）是指系统中某个部分失效就会导致整个系统无法工作的故障。——译者注

或"ASK"的工具栏，或者可能还有任意数量的其他公司的名字。你很可能不记得工具栏是如何出现在这里的。你从来没用过，也不知道如何移除它。

这样的寄生工具栏会将你的注意力从浏览器自带的原生工具栏上移开。原生的工具栏可以让你选择要使用的默认搜索引擎。寄生的工具栏则会将你引导至它自己的搜索网站，那里可能充满了赞助商的内容。西好莱坞居民加里·莫尔（Gary More）就遇到过这种事，他发现自己的浏览器中出现了 Ask.com 工具栏，而且根本不清楚如何移除它。莫尔说："这就像是一个糟糕的房客，不肯走了。"

如果你有两三个工具栏，可能是因为你下载了新软件或不得不更新已有的软件。比如说，你的电脑上安装了 Java，Java 的提供商甲骨文公司就会自动增添一个工具栏，除非你明确指示它不要这么做。当你点击完成下载或更新流程时，你可能没注意到，有一个微小的勾选框默认你同意安装工具栏。这么做并不是非法的；你确实同意了，即使这只是意味着你没有选择不自动安装它。但这个工具栏也会让另一家公司跟踪你的上网习惯，甚至还会将你的默认搜索引擎改成它自己的服务。

移除工具栏的最佳方法是卸载它，就像在你的传统个人电脑上卸载任何程序一样。但有些最顽固的工具栏可能会要求你下载一个移除工具，而且这个卸载流程往往会留下很多信息，足以让相关的广告代理商重新安装它。

在安装新软件或更新已有的软件时，要注意所有的勾选框。如果你一开始就不同意安装这些工具栏，就能避免很多麻烦。

令人毛骨悚然的指纹跟踪

要是你确实使用了隐私浏览且安装了 NoScript、HTTPS Everywhere，并且定期删除你的浏览器 cookie 和无关的工具栏，又会怎样呢？你应该安全了吧？并不是。你在网上仍然可以被跟踪。

网站的编码方式使用了超文本标记语言，即 HTML。当前的版本 HTML5 有很多新功能。其中一些功能昭示着超级 cookie Silverlight 和 Flash 的消亡——这是件好事。但 HTML5 启动了新的跟踪技术，或许是意外吧。

其中一项是 canvas 指纹跟踪，这是一种让人毛骨悚然的网络跟踪工具。canvas 指纹跟踪会使用 HTML5 canvas 元素来绘制简单图像。就这么简单的一件事，整个过程只需要几分之一秒。图像的这种绘制过程发生在浏览器内部，你没法看到，但发出请求的网站可以看到绘制的结果。

这里的一个思考是：当你的硬件和软件结合，组成浏览器所使用的资源时，它将以特有的方式对图像进行渲染。这些图像可能是一系列各种各样的彩色图像，渲染之后会被转换成一个独特的数字，大致就像密码一样。然后，这个数字会被用于与互联网中其他网站上看到的该数字的先前案例进行匹配。根据匹配结果（该独特数字出现的位置的数量）就可以建立一个你访问过的网站的档案。这个数字就是 canvas 指纹，它可以在返回任意请求它的特定网站时被用于识别你的浏览器；即使你已经移除了所有 cookie 或屏蔽了未来的 cookie 安装也无济于事，因为这使用了 HTML5 本身内置的元素。

canvas 指纹跟踪是一种伴随式的过程；它不需要你点击或做任何事，只需看一个网页，它就会自动完成。幸运的是，有可以屏蔽它的浏览器插件：火狐浏览器有 CanvasBlocker，谷歌 Chrome 有 CanvasFingerprintBlock，甚至 Tor 项目也已经在其浏览器中加入了自己的反 canvas 技术。

如果你使用了这些插件并完全遵循了我的其他推荐，你可能会认为自己已经免受网络跟踪之苦了。那可就错了。

Drawbridge、Tapad 及甲骨文旗下的 Crosswise 这类公司将网络跟踪向前推进了一步。它们宣称拥有可以跨多台设备跟踪你的兴趣爱好的技术，能够跟踪你仅在手机和平板电脑上访问过的网站。

这类跟踪中有一部分得益于机器学习和模糊逻辑。如果有一台移动设备和一台传统个人电脑使用同一个 IP 地址连接到了同一个网站，那么它们就很可能属于同一个人。比如说，你在你的手机上搜索特定的服装商品，然后当你回家用你的传统个人电脑上网时，你会发现同一件服装出现在了这家零售商网站的"最近浏览"部分。最好是使用你的传统个人电脑购买这件商品。不同设备之间的匹配越好，意味着越有可能是同一个人在同时使用这两台设备。Drawbridge 宣称，公司在 2015 年就连接了 12 亿用户的 36 亿台设备。[11]

谷歌当然在做同样的事，苹果和微软也是一样。安卓用户需要使用谷歌账号。苹果设备要用 Apple ID。不管用户拥有的是智能手机还是笔记本电脑，每台设备所生成的网络流量都会与特定用户关联在一起。另外，最新的微软操作系统也需要微软账号才能下载应用或使用该公司的云服务存储照片和文档。

这些收集行为有很大的区别。谷歌、苹果和微软允许你禁用部分或所有数据收集行为，以及删除之前收集的数据。Drawbridge、Crosswise 和 Tapad 则没有把禁用和删除过程做得那么明显，或者可能干脆就没有。

信用卡，随时会暴露你的身份

尽管使用代理服务或 Tor 能让你在接入互联网时方便地隐藏你的真

实位置，但这种隐藏可能会带来一些有趣的问题，甚至让你反受其害，因为有时候，网络跟踪是合情合理的——尤其是当信用卡公司试图打击欺诈时。比如，就在爱德华·斯诺登进入公众视野的前几天，他想创建一个支持网络权益的网站。但在使用他的信用卡向托管公司支付注册费时，他遇到了麻烦。

那时候他使用的仍然是他的真实姓名、真实电子邮箱地址和个人信用卡——就在他成为揭秘者之前不久。他也使用了 Tor，而这有时候会触发信用卡公司的欺诈报警，因为它们验证你的身份时，会发现无法将你提供的信息和它们文件中已有的信息进行匹配。比如，你的信用卡账号说你住在纽约，那为什么你的 Tor 出口节点却说你住在德国？这样的地理位置差异往往会将试图购买的行为标记成可能的滥用行为，并使你遭到额外的审查。

信用卡公司肯定会在网上跟踪我们。它们知道我们全部的购买情况，知道我们订阅了什么，知道我们什么时候离开了国家。它们也知道我们什么时候使用一台新机器来进行网购。

据电子前线基金会的迈卡·李称，当斯诺登在他位于中国香港地区的酒店房间里与劳拉·珀特阿斯和《卫报》记者格伦·格林沃尔德（Glenn Greenwald）讨论美国政府的秘密时，他也正与洛杉矶一家互联网提供商 DreamHost 的客户支持部门联络。显然，斯诺登向 DreamHost 解释说，他在国外而且不信任当地的互联网服务，所以使用了 Tor。最终，DreamHost 接受了他通过 Tor 的信用卡付款。

有一种方法可以避免使用 Tor 时的这种麻烦，即安装 torrec 配置文件，以使用位于你本国的出口节点。这应该能让信用卡公司满意。一方面，一直使用同一个出口节点可能最终会暴露你的身份。另一方面，有一些严肃的猜测表明，某些机构可能控制着一些出口节点，所以使用不同的出口节点是合理的。

另一种不留痕迹地进行支付的方式是使用比特币，这是一种虚拟货币。和大多数货币一样，它的价值会随着人们对它的信心而产生波动。

比特币是一种算法，让人们可以创造他们自己的货币——用比特币的术语来说是挖矿。但如果那么简单，每个人都会去做这种事了。其实并不简单，这个过程需要密集的计算，所以需要很长时间才能创造一个比特币。因此，在任何一天里，比特币的数量都是有限的，而这是消费者信心之外又一个影响其价值的因素。

每个比特币都有一个加密的签名，可用于确认它是原始的且独特的。使用这个加密签名进行的交易可以追溯到这个币，但得到这个币的方法可能很曲折：比如，你需要设置一个坚如磐石的匿名电子邮箱地址，然后通过 Tor 网络使用这个电子邮箱地址设置一个匿名的比特币钱包。

你可以与人面对面地购买比特币，也可以使用预付费礼品卡在网上匿名购买，或者找一个没有监控摄像头的比特币 ATM 购买。选择使用哪种购买方式时，你需要考虑所有的风险，这取决于哪些监控因素有可能暴露你的真实身份。购买之后，你可以将这些比特币放入所谓的混桶（tumbler）中。混桶会从你、我和随机选择的其他人那里各取一些比特币，将它们混合在一起。你能留下这些币减去混合手续费之后的部分。不过在与其他人的币混合后，每个币的加密签名可能不一样了。这样就在一定程度上实现了该系统的匿名化。

一旦有了比特币，你又该如何保存它们？因为并不存在什么比特币银行，而且比特币并不是实体货币，所以你需要匿名设置一个比特币钱包，后面的章节会详细描述设置的方法。

现在，你已经购买并保存了比特币，你又该如何使用它？交易能让你投资比特币并将其换成其他货币（比如美元），或在亚马逊等网站上购买商品。假设你已经有一个比特币了，价值 618 美元。如果你需要花大约 80 美元进行一次购买，那么在交易之后，你将会保留原来价值的特定比例，具体比例取决于汇率。

交易将在被称为区块链的公共账本中进行验证，并通过 IP 地址进行确认。但正如我们所见，IP 地址可以更改或伪造。而且尽管商家已经开始接受比特币，但通常由商家支付的服务费被转移给了买家。此外，和信用卡不一样的是，比特币不允许退款或赔付。

你可以像积累硬通货一样积累尽可能多的比特币。尽管它整体上很成功——因 Facebook 的成立问题向马克·扎克伯格发难的文克莱沃斯兄弟是比特币的主要投资者，但这个系统也有过一些重大的失败。2004 年，东京一家比特币交易所 Mt. Gox 在公布其比特币被盗之后宣布破产。还有其他一些有关比特币交易所被盗的报告，这些交易所和大多数美国银行不一样，并不保险。

虽然过去出现过很多种虚拟货币的尝试，但比特币现在已经变成了互联网上标准的匿名货币。这是一个正在进行中的项目，确实如此，但这也是寻求隐私的人应该考虑的选择。

你现在可能感觉已经隐身了——使用 Tor 隐藏了你的 IP 地址；使用 PGP 和 Signal 加密了你的电子邮件和文本消息。但我还没谈到太多硬件方面的内容——这既可以用于在互联网上找到你，也可以用于在互联网上隐藏你。

The Art of Invisibility

制胜网络勒索，
层层加密与终极对抗

07

在明尼苏达州布莱恩市城郊的一栋房子里，噩梦从网上开始蔓延，当联邦特工冲进这栋房子时，噩梦才结束。这些特工有一个与儿童色情内容下载相关的 IP 地址，甚至还有一个针对时任副总统乔·拜登的死亡威胁。通过联系与该 IP 地址相关的互联网服务提供商，特工们得到了该用户的实际地址。当人们都还在使用有线方式来连接调制解调器或路由器时，这种追踪是非常有效的。那时候，每个 IP 地址都可以追溯到特定的实体机器。

但今天，大多数人都使用家里的 Wi-Fi。无线网络让房子里的每个人都能拿着移动设备到处走动，同时还能保持互联网连接。如果你不够小心，你的邻居也可以接入同一个信号。在这个案件中，联邦特工在明尼苏达州冲进了错误的房子。他们真正该进的其实是隔壁那家。

> 2010 年，巴里·文森特·阿尔多夫（Barry Vincent Ardolf）对黑客入侵、身份盗用、持有儿童色情内容和威胁时任副总统拜登的指控供认不讳。法庭记录表明，阿尔多夫与他邻居的纠纷始于这位不愿透露姓名的律师邻居向警方提交了一份报告，说阿尔多夫"不当地触摸和亲吻了"律师家的小孩的嘴。

　　然后，阿尔多夫使用邻居家的无线路由器的 IP 地址，以
受害者的名义注册了雅虎和 Myspace 账号。阿尔多夫通过这
些虚假账号进行了一些活动，想要让这位律师难堪，并给他
带来法律上的麻烦。

　　现在，很多 ISP 都为它们的家庭路由器提供了内置的无线网络功能。
Comcast 等一些 ISP 还创建了一种次级的开放 Wi-Fi 服务，而且用户对此
的控制很有限。你也许可以修改一些设置，比如关闭它。你应该对此有所
警惕，因为停在你房子前面的一辆车上的人可能正在使用你的免费无线。
虽然你不需要支付额外的费用，但如果第二个信号正在重度使用，你可能
会注意到 Wi-Fi 速度略有下降。如果你觉得永远不需要为访客提供你的家
庭免费互联网接入，你可以禁用 Comcast 的 Xfinity Home Hotspot。

　　尽管内置的无线网络便于用户设置和运行新服务，但这些宽带路由
器往往配置不正确，而当它们不安全时，就可能产生问题。比如，不安
全的无线接入可能会提供一个进入你家庭的数字入口点，就像阿尔多夫
做的那样。尽管入侵者的目标可能不是你的数字文件，但他们也会给你
制造麻烦。

　　阿尔多夫并不是计算机天才。他在法庭上承认自己并不知道他邻居
的路由器所用的 WEP（有线等效保密）加密与 WPA（Wi-Fi 保护接入）
加密之间的区别——后者要安全得多。他只是很愤怒。这是你应该花点
时间想想自家无线网络安全性的另一个原因。你永远不知道一个愤怒的
邻居会在什么时候使用你家的网络对付你。

　　如果确实有人在你家的网络上做了坏事，路由器的所有者也能得
到一些保护。据电子前线基金会称，因为被告成功表明是其他人使用
了他们的无线网络下载电影，所以联邦法官驳回了版权所有者发起的
BitTorrent 诉讼。[1]电子前线基金会指出，一个 IP 地址并不是一个真实的

人，也就是说，无线网络用户可能无须为其他人使用他们的无线网络所做的事情负责。

　　尽管计算机取证能证明自家 Wi-Fi 被用于犯罪的无辜者的清白（正如上面这个明尼苏达州律师的案子一样），但为什么要忍受这种事呢？

你该怎样修改路由器的名称以及更新固件呢

　　不管你使用的是基于电话的拨号调制解调器，还是基于电缆的 ASM（任意源组播）路由器（思科和贝尔金等公司提供这种设备），这些设备都有共同的软件和配置问题。

　　首先，最重要的是要下载最新的固件（安装在硬件设备中的软件）。你可以访问路由器的配置页面或制造商的网站，搜索你的特定产品及型号的更新来获取最新的固件。要尽可能频繁地更新。更新路由器固件的一种简单方法是，每年都买一个新路由器。这样做成本会很高，但能确保你有最新、最好的固件。其次，要更新你的路由器配置设置，不要使用默认设置。

　　所以路由器名称中有什么信息？多得超乎你的想象。ISP 提供的路由器和你从百思买（Best Buy）购买的路由器之间的共同之处是命名。所有无线路由器都会默认广播所谓的服务集标识符（SSID）。[2] SSID 通常是路由器的名称和型号，比如 "Linksys WRT54GL"。如果你查看一下你所在区域的可用无线连接，就知道我在说什么了。

　　向世界广播默认的 SSID 也许可以掩盖该 Wi-Fi 信号实际上来自某个特定家庭的事实，但也会让街上的人知道你拥有的路由器的确切品牌和型号。为什么这很糟糕？因为某个人可能会知道这款产品的漏洞，从而可以利用这些漏洞。

　　所以，该如何修改路由器的名称并更新固件呢？

　　访问路由器很容易，用你的互联网浏览器就可以。如果你没有你的浏览器的指示说明，可以访问一个网络 URL 列表，它会告诉你应该在浏览器窗口中输入什么内容，来直接连接你家庭网络上的路由器。[3] 在输入了本地 URL 之后（你只是在与路由器通信，而不是整个互联网），你会看到一个登录页面。所以用于登录的用户名和密码是什么？

　　实际上，互联网上也发布了一个默认登录信息的列表。[4] 在上述 Linksys 的案例中，用户名为空，密码是“admin”。无须多言，一旦进入了路由器的配置页面，你应该立即更改其默认密码，遵循我之前讲到的有关创建独特强密码的方法或使用密码管理器。

　　记得将这个密码保存在你的密码管理器中或写下来，因为你可能不需要经常访问你的路由器。说真的，你到底多久才会访问一次你的路由器配置页面？你会忘记这个密码吗？不要担心。路由器上有一个实体重置按钮，可以重置默认设置。但是，在执行实体重置或强制重置时，你不得不再次执行我下面将解释的各种配置设置。所以，每当你使用了不同于默认设置的路由器配置时，就应该把这些路由器设置写下来或截屏并打印出来。当你需要重新配置你的路由器时，这些截屏会很有价值。

　　我建议你将“Linksys WRT54GL”更改为无害的名称，比如“HP Inkjet”，这样陌生人就没法明显地看出这个 Wi-Fi 信号可能来自哪栋房子了。我常常使用普通的名称，比如我住的公寓大楼的名字，甚至我邻居的名字。

　　另外，你也可以选择完全隐藏你的 SSID。这样其他人就没法在无线网络连接列表中轻易看到它了。

三大无线加密的安全方法

当你进入基本的浏览器配置设置时，需要考虑几种类型的无线安全。在默认情况下，它们通常没有被启用。而且并非所有无线加密都是平等创建的，也不是所有设备都支持这种形式。

最基本的无线加密形式是有线等效保密（WEP），这毫无用处。即使你在选项中看到了，也完全不用考虑它。WEP多年前就已被破解，因此我不再推荐。只有老式的路由器和设备仍有这样的遗留选项。相反，你应该选择一个更新、更强的加密标准，比如Wi-Fi保护接入，即WPA。WPA2还要更加安全[①]。

在路由器上启用加密意味着连接其上的设备也需要有相匹配的加密设置。大多数新设备都能自动感知所用的加密类型，但较旧的型号仍需要你手动设置要使用的加密级别。尽可能总是使用最高级别。你的安全程度取决于你最薄弱的环节，所以在为最旧的设备使用加密方面，要确保使用它的最大极限。

启用WPA2意味着当你连接到你的笔记本电脑或移动设备时，你也需要将它们设置成WPA2。不过一些新的操作系统可以自动识别加密的类型。你的手机或笔记本电脑上的现代操作系统都能识别你所在区域的可用Wi-Fi。你的SSID广播（现在是"HP Inkjet"）应该会出现在列表的前几位。可用Wi-Fi连接列表中的挂锁图标（通常与每个连接的强度指示重叠）表示这些Wi-Fi连接需要密码（你的Wi-Fi现在应该有一个挂锁）。

在可用连接列表中点击你自己的SSID。你应该会看到输入密码的提

[①]   实际上WPA2也不能保证绝对安全。在本书翻译的过程中，马蒂·范霍夫（Mathy Vanhoef）就发现了WPA2中的严重漏洞。参阅：https://www.krackattacks.com. ——译者注

示——确保你的密码至少有 15 个字符，或者使用密码管理器来创建一个复杂密码。为了连接你的有密码保护的 Wi-Fi，你至少需要在每台设备上输入一次该密码。所以密码管理器可能无法适用于所有情况，有时候，你不得不记住这个复杂密码并自己手动输入。包括你的智能电冰箱和数字电视在内的每台设备，都将使用你在设置路由器加密时所选择的那个路由器密码。你需要为每一台接入你的家或办公室 Wi-Fi 的设备输入一次密码，但只要你没有修改你的家庭网络密码或获取一台新设备，就不必再次输入密码。

　　还可以更进一步，仅允许你指定的设备连接到 Wi-Fi。这被称为白名单。通过这种方式，你可以让一些设备有访问权限，并禁止其他设备接入（设置黑名单）。这需要你输入你设备的媒体访问控制地址，即 MAC 地址。这也意味着下一次升级你的手机时，你必须将其加入你路由器的 MAC 地址中，才能顺利连接。5 每台设备的 MAC 地址都不同；事实上，前三组字符（8 位组）是制造商代码，后三组是产品特有的。这样路由器就会拒绝任何硬件 MAC 未曾保存过的设备。话虽如此，一款名叫 aircrack-ng 的黑客工具可以显示当前连接用户的授权 MAC 地址，攻击者可以伪造这个 MAC 地址来连接这个无线路由器。和隐藏的无线 SSID 一样，绕过 MAC 地址过滤是一件轻而易举的事情。

　　查找你设备的 MAC 地址是相当简单的。在 Windows 中，点击开始按钮，输入"CMD"，点击"命令提示符"，并在右单书名号后面输入"IPCONFIG"。机器会返回一长串数据列表，MAC 地址应该就位列其中，它由 12 个十六进制的字符组成，每两个字符间都有冒号分隔。苹果产品的查看方法甚至更加简单。点击苹果图标，选择"系统偏好设置"，进入"网络"，然后点击左面板上的网络设备并进入"高级 > 硬件"，就能看到 MAC 地址了。对一些老式的苹果产品而言，查看流程是：苹果图标 > 系统偏好设置 > 网络 > 内置以太网。在 iPhone 上，你

可以选择设置 > 通用 > 关于本机，然后查看"无线局域网地址"，找到 MAC 地址。对于安卓手机，则应进入设置 > 关于手机 > 状态信息，查看"Wi-Fi MAC 地址"。根据你使用的设备和型号，这些指示可能会有所不同。

有了这些 12 位数字的 MAC 地址，现在你只需要告诉路由器只允许这些设备连接并屏蔽其他设备即可。这种做法也有缺陷。如果有客人想要连接你的家庭网络，你就必须决定是把自己的一台设备和相应的密码给他，还是直接重新进入路由器配置页面关闭 MAC 地址过滤。另外，有时候你可能也需要修改设备的 MAC 地址；如果不把它改回来，就无法连接到你家里和工作场所中限定了 MAC 的 Wi-Fi 网络。幸运的是，在大多数情况下，重启这些设备就能恢复原来的 MAC 地址。

马上关闭路由器上的 WPS 功能

为了能轻松地将任意新设备连接到家庭路由器，旨在传播 Wi-Fi 技术应用的组织 Wi-Fi 联盟（Wi-Fi Alliance）创造了 Wi-Fi 保护设置（Wi-Fi protected setup，简称 WPS）。他们宣称 WPS 可以让任何人都能在家里或办公室安全地设置移动设备。但实际上，这并不是很安全。

WPS 的形式通常是路由器上一个可以按压的按钮。其他方法包括使用 PIN 码和近场通信（NFC）。简单来说，只要你激活了 WPS 功能，它就能与你家里或办公室的任何新设备通信，还会自动同步这些设备以使用你的 Wi-Fi 网络。

听起来很赞。但是，如果路由器放在"公开"的地方，比如你的客厅，那么任何人都可以触控它的 WPS 按钮并加入你的家庭网络。

即使没有实际接触，网络攻击者也可以通过暴力破解猜测你的 WPS

PIN 码。这可能需要几个小时的时间，但仍然是一种可行的攻击方法。为了保护自己免受这种攻击的侵害，你应该马上关闭路由器上的 WPS 功能。

另外，还有一种被称为 Pixie Dust 的 WPS 攻击方法。这是一种离线攻击，而且只对几家芯片制造商的产品有效，其中包括雷凌（Ralink）、瑞昱（Realtek）和博通（Broadcom）。Pixie Dust 可以帮助黑客获取无线路由器的密码。这种攻击大体上非常简单，而且能在几秒钟或几小时内获取设备的访问权限，具体时长取决于所选择的或生成的 WPS PIN 码的复杂度。[6] 比如说，Reaver 就是这样一个程序，可以在几小时内破解一台启用了 WPS 的路由器。

一般而言，应该关闭 WPS。你仍然可以通过输入你设置的用于接入的密码，来将每台新的移动设备连接到你的网络。

在你的网络摄像头上贴上胶带

所以，你已经通过使用加密和强密码让其他人没法使用你的家庭无线路由器网络了。这是否就意味着没人能进入你的家庭网络，甚至窥探你家庭内部的数字生活了？并非完全如此。

高中二年级的布莱克·罗宾斯（Blake Robbins）在费城城郊的一所学校上学，当他被叫到校长办公室时，他完全不知道自己会因在家里的"不当行为"而受到训斥。费城外的这个劳尔·梅里恩学区曾经向包括罗宾斯在内的每名高中生发放了新的 MacBook，以便他们做课程作业。但这个学区没有告诉学生的是：电脑中那个为了在设备丢失时恢复设备的软件也可以用来监控全部 2 300 名学生的行为，同时学生们也处在这个笔记本电脑的网络摄像头的视野之中。

罗宾斯被指控的罪行是什么？过量服药。罗宾斯家的律师则一直坚称这个男孩只是在做家庭作业时吃了一种名叫 Mike and Ike 的糖。

这难道有问题吗？

学区坚持说，盗窃跟踪软件只有在笔记本电脑被盗之后才会被激活。盗窃跟踪软件的工作方式是：当某人使用该软件报告他的笔记本电脑被盗之后，校方可以登录一个网站，查看来自被盗笔记本电脑网络摄像头的图像并播放其音频文件。然后，学校的管理员就可以监控这台笔记本电脑并按需拍照。这样就可以进行定位并找回该设备，还能识别出作案者。但是在这个案例中，据称学校官员私自打开了这项功能，来窥视学生在家里的状况。

罗宾斯的学校发的 MacBook 的网络摄像头记录了数百张照片，包括这个男孩在自己床上睡觉的照片。其他学生的遭遇更加糟糕。根据法庭证词，该校甚至有学生的更多照片，其中有几人还是"部分裸露的"。如果罗宾斯没有因为自己在家里做的事而被训斥，那些学生可能仍然不会注意到这件事。

之前一个名叫贾利勒·哈桑（Jalil Hasan）的学生也被拍摄了近 500 张照片，他的电脑还被截屏了 400 张图片——记录了他的网络活动情况和他访问过的网站。罗宾斯和哈桑一起起诉了该学区。罗宾斯得到了 17.5 万美元的赔偿，哈桑得到了 1 万美元的赔偿[7]。该学区拿出了近 50 万美元为学校的行为买单，并且不得不通过其保险公司支付了大约 140 万美元的赔偿。

恶意软件可以很轻松地在用户不知情的情况下激活传统个人电脑上

的网络摄像头和麦克风，在移动设备上也是如此。这个案例是一个蓄意的行为，但是通常情况并非如此。在你笔记本电脑的网络摄像头上贴一张胶带是一个快速的补救措施，你打算再次使用它时再取下胶带。

揭示普通软件的骗局

> 2014 年秋季，伦敦《电讯报》（*Telegraph*）的记者索菲·柯蒂斯（Sophie Curtis）在一封电子邮件中收到了一个领英（LinkedIn）的连接请求，这封邮件似乎来自同一家报社的某个同事。这是柯蒂斯常常收到的那一类邮件，而且因为职业礼节，她没有多想就接受了来自同事的请求。几周以后，她收到了一封似乎是来自某个匿名举报机构的电子邮件，说要发布一些敏感文件。作为一位报告过匿名者和维基解密等组织的记者，柯蒂斯之前也收到过类似的邮件，而且她对这个请求很好奇。邮件的附件看起来像是一个标准文件，所以柯蒂斯点击并打开了它。
>
> 她马上就意识到出问题了。每个 Windows 系统副本都自带的安全软件 Windows Defender 开始在她的桌面上发出警告，这些警告不断地堆积在屏幕上。

和现在的很多人一样，柯蒂斯被欺骗点击了一个她认为是普通文件的附件。这个附件假装有她想看到的信息，却自动下载和解压了一系列其他文件，从而让远程攻击者可以完全控制她的电脑。这个恶意软件甚至用柯蒂斯自己的网络摄像头给她拍了一张照片。在这张照片中，柯蒂斯一脸沮丧，因为她正试图理解自己的电脑究竟是如何被人控制的。

　　实际上，柯蒂斯完全知道是谁接管了她的计算机。为了一次实验，几个月前她曾聘请了一位渗透测试员，也就是我这样的人。个人和公司会聘请专业的黑客来尝试攻破其计算机网络，从而确定自己需要在哪些地方加强防御。在柯蒂斯的案例中，这个过程持续了几个月。

　　在这种工作的一开始，我总是会尽可能多地获取有关客户的信息。我会花时间了解他的生活和上网习惯，会在 Twitter、Facebook，甚至领英上追踪该客户的公开帖子。索菲·柯蒂斯的渗透测试员也是这样做的。在她所有的电子邮件中，有一条精心构思的消息——她的渗透测试员发送的第一封邮件。这位渗透测试员知道她是一位记者，而且她对之前陌生人发送的电子邮件申请持开放态度。在第一个案例中，柯蒂斯后来写道，背景信息不够，不足以让她有兴趣采访一个特定的人并写出报道。但这位黑客和他安全公司的同事所做的大量调查研究让她印象深刻。

　　柯蒂斯说："他们可以使用 Twitter 找到我的工作电子邮箱地址、我近期去过的一些地方，以及我与其他记者参加的定期社交晚会的名字。根据我发到 Twitter 上的一张照片中的背景，他们可以发现我曾经用过什么手机，还能发现我的未婚夫常常抽手工卷烟（这是张老照片）以及他喜欢骑自行车。"这些细节中的任何一条都可以用来写另一封电子邮件。

　　DEF CON 2016 大会上出现了一个基于人工智能的新型工具，该工具可以分析目标的推文，然后基于他们的个人兴趣构建鱼叉式网络钓鱼[①]电子邮件。所以，要谨慎点击推文中的链接。

---

① 　鱼叉式网络钓鱼（spear phishing）是一种只针对特定目标进行的网络钓鱼攻击，通常针对的是企业或组织中的个人，攻击者会在锁定目标后，以该企业或组织的名义发送难辨真伪的电子邮件，诱使目标登录其账号，从而使攻击者可以借机安装特洛伊木马或其他间谍软件来窃取机密。——译者注

实际上，会泄露你永远不打算公开分享的关键个人信息的往往是一些小事物：在这里或那里发布的奇怪评论、一张照片中你身后架子上的小摆设、你曾经参加过的一个营地活动的 T 恤衫。也许你认为这些一次性的瞬间是无害的，但攻击者了解到关于你的细节越多，就越容易诱使你打开电子邮件附件并接管你的网络世界。

柯蒂斯指出，这个渗透测试团队到此就结束了他们的攻击。但如果他们是真正的犯罪型黑客，这样的胡作非为可能还会持续一段时间，也许坏人会控制她的社交媒体账号、她在《电讯报》的办公室网络甚至她的财务账号。而且他们在做这种事的时候很可能不会让柯蒂斯知晓她的计算机受到了侵害；大多数攻击者并不会立即触发 Windows Defender 或反病毒软件。有的攻击者会在得手后一直持续数月或数年时间，其间用户丝毫不会察觉到自己被攻击了。不只是你的笔记本电脑会受害，电子邮件触发的攻击也可以作用于越狱的 iPhone 或安卓设备。

与隐私一样，欺诈难以被量化

尽管谷歌和其他电子邮件服务提供商会扫描你的信息，以防止恶意软件和网络色情内容的传播，也是为了收集广告营销数据，但它们并不一定会扫描欺诈行为。正如我前面说过的，和隐私一样，欺诈是难以量化的，标准因人而异。而且我们并不总是能识别出欺诈，即使它就发生在我们眼前。

在柯蒂斯收到的假领英电子邮件正文中有一张 1×1 像素的图片，这是一个微小的图像点，肉眼看不见，就像我之前说的那些放在网站上用于跟踪你的网络行为的单像素图像。当这个微小的点被调用时，它会告诉一个远程位置的跟踪服务器它在世界的什么位置、你什么时候打开了这封电子邮件、它在屏幕上停留了多长时间，以及你在什么设备上打开了它。它也能说明你是否保存、转发或删除了该消息。此外，如果这个渗透测试团队所使用的场景是真实的，攻击者还可能在其中插入一个链接，通过这个链接，柯蒂斯就会访问一个虚假的领英页面。这个页面的各个地方都与真实的领英页面很像，只是它被托管在不同的服务器上，也许还在另一个国家。

广告商可以使用这种网络信标收集关于收件人的信息，并因此得到档案。攻击者则可将其用于获取他们设计下次攻击所需的技术细节，其中会包含一种进入你的计算机的方法。比如，你运行的是一个旧版本的浏览器，它可能就有一些可被利用的漏洞。

所以，柯蒂斯从渗透测试员那里收到的第二封电子邮件包含了一个附件，这个文档可以利用用于打开该文件的软件（比如 Adobe Acrobat）中的漏洞。在我们谈论恶意软件时，大多数人都会想到 21 世纪初的计算机病毒，那时候，一封受感染的电子邮件就可以将更多受感染的电子邮件传播给联系人列表中的每个人。现在，这种大规模感染攻击已经不太常见了，部分原因是电子邮件软件本身的改变。相反，现今最危险的恶意软件已经精妙得多，而且它们针对的目标往往是个人。索菲·柯蒂斯遇到的就是这种情况。这些渗透测试员使用了一种特殊形式的网络钓鱼，即鱼叉式网络钓鱼，这是专门针对特定个人设计的。

网络钓鱼是一种试图获取用户名、密码和信用卡或银行信息等高度机密信息的犯罪欺诈过程。它一直以来都被用于对付 CFO（首席财务官），因为所谓的"CEO"已经授权转账，所以 CFO 们被骗了很多钱。通常网络钓鱼电子邮件或文本消息中都包含一个执行项，比如点击链接或打开附件。在柯蒂斯的案例中，钓鱼的目的是在她的电脑上植入恶意软件，以便证明这种事可以多么轻松地做到。

极光行动（Operation Aurora）可能是最著名的网络钓鱼案例之一了。

在这一事件中，谷歌公司的一位中国雇员收到了一封网络钓鱼电子邮件。其目的是感染谷歌在中国的机器，从而进入其位于加利福尼亚州芒廷维尤的全球总部的内网。这件事让攻击者与谷歌搜索引擎源代码的接近到了非常危险的程度。谷歌并不是唯一的受害者。Adobe 等公司也报告了类似的入侵。[8]

每当我们收到一个领英或 Facebook 请求时，我们的戒备就会下降。这可能是因为我们信任这些网站，也信任它们的电子邮件消息。但是，正如我们所见，任何人都可以制造出看起来很真实的消息。在面对真人时，我们通常可以察觉某人戴了假胡须、假发，或伪装声音说话，进化了很多个世纪的本能帮助我们无须思考就能看穿欺骗行为。这些直觉却不适用于网络，至少不适用于我们大多数人。索菲·柯蒂斯是一名记者，她的工作就是保持好奇与怀疑、跟踪线索和检查事实。她本可以检查《电讯报》的员工名单，了解领英上的这个人究竟是谁，从而知晓这封电子邮件可能是伪造的。但她没有这么做。而且事实上，大多数人都一样没有警觉。

正在进行网络钓鱼的攻击者会有一些你的信息，但不会有你全部的个人信息——他将已有的那点信息用作自己的诱饵。比如说，网络钓鱼者可能会向你发送一封包含你的信用卡号后 4 位数字的电子邮件以取得信任，然后继续询问更多信息。有时候，这 4 位数字是不正确的，钓鱼者会要求你在回复中进行必要的更正。不要做这种事。简而言之，不要和网络钓鱼者纠缠。一般来说，不要回应任何想要你个人信息的请求，即使它们看起来值得信任；而应该用另一个电子邮箱（如果你有其地址）或短信（如果你有其手机号码）联系该请求者。

更让人担忧的网络钓鱼攻击是欺骗目标执行某个动作，这个动作会直接利用他的计算机，从而让攻击者获得完全的控制权。这就是我在社会工程方面的工作。另一种流行的攻击方式是凭证采集（credential harvesting），其目标是获取一个人的用户名和密码，但鱼叉式网络钓鱼的真正危险是取得目标计算机系统或网络的权限。

如何对付勒索软件的狡诈敌人

假设你确实与某个钓鱼者进行了交互，并失去了你被感染的个人电脑或移动设备上的所有数据——你全部的个人照片和私人文件，又该怎么办呢？阿林娜·西蒙娜（Alina Simone）的母亲就遇到了这种事。西蒙娜在《纽约时报》的文章中描述道，她的母亲（不擅长科技）好像在对付一个正在使用所谓的勒索软件的狡诈敌人。

2014 年，一阵针对个人和企业的敲诈勒索恶意软件浪潮席卷了互联网。Cryptowall 就是其中一例，它会加密你的整个硬盘，将你锁在你的每个文件之外。只有在向攻击者付钱之后，你才会得到解锁自己文件的密钥。除非你有完整的备份，否则在支付赎金之前，你的传统个人电脑或安卓设备上的内容都将无法访问读取。

不想付钱？显示在屏幕上的勒索信声称，解锁这些文件的密钥将在一定时间内被销毁。信中往往还会包含一个倒计时时钟。如果你不付钱，截止时间有时候还会延长，但价格也会随着每次拖延而上涨。

一般而言，你不应该点击电子邮件附件（除非你在谷歌 Quick View 或谷歌文档中打开它们）。不过 Cryptowall 还有其他传播方式，比如网站上的横幅广告。只要查看一个带有受感染的横幅广告的页面，就可以让你的传统个人电脑被感染，这被称为偷渡式（drive-by）攻击，因为你实际上并没有点击这个广告。这就是你浏览器中安装的 Adblock Plus 等去广告插件的真正用武之地。

2015 年上半年，FBI 的互联网犯罪投诉中心（Internet Crime Complaint

Center，简称 IC3）记录了近 1 000 例 Cryptowall 3.0 案件，损失共计约 1 800 万美元。这个数字包含了支付的赎金、IT 部门和维修点的成本以及损失的生产力。在某些案例中，被加密的文件包含个人身份识别信息，比如社会保障号码，这些信息可能会让攻击者引发数据泄露，从而造成进一步的损失。

尽管解锁这些文件的密钥总是可以用 500 ～ 1 000 美元的固定费用购买，但那些遭遇感染事件的人往往会尝试其他方法来移除勒索软件，比如自己攻破加密。西蒙娜的母亲就这样尝试过。当她最后给女儿打电话时，时间已经所剩无几了。

几乎所有想要攻破这种勒索软件加密的人都失败了。这种加密非常强，破解它需要非常强大的计算机和很多时间，这超出了大多数人的能力范围。所以受害者往往只能付钱。据西蒙娜称，为了解锁 72 000 份尸检报告、证人证词和犯罪现场照片等文件，田纳西州迪克森县警长办公室在 2014 年 11 月支付了一次 Cryptowall 赎金。

这些黑客通常会要求用比特币支付，这就意味着很多普通人将难以支付。我在前面提到过，比特币是一种去中心化的、点对点的虚拟货币，而大多数人并没有可以取款的比特币钱包。

在《纽约时报》那篇文章中，西蒙娜提醒读者永远不要支付赎金，但她最后还是付了。事实上，FBI 现在也建议那些计算机被勒索软件感染的人直接付钱。负责 FBI 在波士顿的网络和反间谍项目的助理高级特工约瑟夫·博纳沃隆塔（Joseph Bonavolonta）说："说实话，我们通常建议人们支付赎金了事。即使是 FBI 也没能力破解这些勒索软件制造者使用的超安全的加密。"他还补充道，因为很多人都已经付钱给攻击者了，所以过去几年来，这项开支一直保持得相当稳定。之后，FBI 公开表示，选择付钱还是联系其他安全专家完全由公司自己决定。

西蒙娜的母亲这辈子从来没购买过一个应用，在快到截止时间时联系女儿只是因为她需要知道如何用这种虚拟货币付款。西蒙娜说她在曼哈顿找到了一个比特币 ATM，在经历了一次软件故障并且给该 ATM 的所有者打过服务电话之后，她终于完成了支付。按照那天的汇率，每个比特币的价格比 500 美元稍多一点。

不管这些勒索者接受的是比特币支付还是现金支付，他们都是匿名的，尽管从技术上讲，这两种支付方式都有办法跟踪。使用比特币进行的网络交易可以关联到买家，但并不容易。问题是，谁会花时间和精力来追踪这些罪犯呢？

在下一章中，我将描述当你通过公共 Wi-Fi 连接互联网时，会发生什么。从隐私的角度来看，你想得到公共 Wi-Fi 的匿名性，但与此同时，你也需要小心防备。

The Art of Invisibility

虚拟安全通道，
化解公共网络之痛

08

在电话还是新奇事物的时候，它们是通过实体的线缆连接到家里的，可能被放在墙上的某个柜格里。拉两条电话线被认为是社会地位的象征。与之类似，公共电话亭是为隐私打造的。甚至酒店大堂里一排排付费电话之间也配置了隔音设施，提供着一种保护隐私的错觉。

有了移动电话之后，隐私似乎已经荡然无存了。我们走在街上，常常会听到人们大声地分享着自己的个人故事，甚至更糟糕——在所有路人的听力范围内背诵自己的信号卡号码。在这种开放和共享的文化氛围中，我们需要仔细考量我们愿意奉献给世界的信息。

有时候世界会倾听。我只是随口一说，请别见怪。

假设你喜欢在你家附近街角的咖啡馆工作，我有时候也会这样。那里有免费的 Wi-Fi。应该没什么问题，对吧？我不想这样说，但真的有问题。公共 Wi-Fi 在创建的时候可没考虑网上银行或电子商务。它只是为了方便，却极其不安全。这种不安全性并不总是技术方面的。其中一些问题源于你，我希望也会终止于你。[1]

你要如何知道自己用的是公共 Wi-Fi？其中一个表现是，在连接到这个无线接入点时，它不会要求你输入密码。为了演示你在公共 Wi-Fi上的隐身程度，反病毒软件公司 F-Secure 的研究者创建了他们自己的接入点，即热点（hotspot）。他们在伦敦市中心的两个不同位置（一家咖啡馆和一个公共空间）进行了实验。结果让人瞠目结舌。

研究者在伦敦繁华区域的一家咖啡馆里进行了第一个实验。当顾客们考虑选择可用的网络时，他们会看到 F-Secure 那信号强又免费的热点。这些研究者还在用户浏览器上出现的横幅广告中陈述了相关条款和条件。也许你之前在咖啡馆里连接 Wi-Fi 时，也看到过类似的横幅广告，其中规定了你在使用其服务时可以和不可以做的事。但在这个实验中，免费 Wi-Fi 的使用条款要求用户交出自己的第一个孩子或心爱的宠物。有 6 个人同意了这些条款。说实在的，大多数人并不会花时间阅读这些精细的印刷体文本——他们只想使用另一边的不管什么东西。当然，你至少也应该大致瞥一眼这些条款。在这个案例中，F-Secure 的研究者之后澄清，说他们并不想对这些孩子或宠物做任何事。

真正的问题在于，当你在使用公共 Wi-Fi 时，第三方能看到什么。你在家里时，你的无线连接应该使用了 WPA2 加密。这意味着就算有人在窥探，他也没法看到你在网上做什么。但当你使用的是咖啡馆或机场公开的公共 Wi-Fi 时，目的地流量就完全暴露了。

你可能还是会问，这难道有什么问题吗？好吧，首先，你不知道连接另一端的究竟是谁。在这个案例中，F-Secure 研究团队很有道德地销毁了他们收集到的数据。但犯罪分子恐怕不会这么做，他们会把你的电子邮箱地址卖给向你发送垃圾邮件的公司，这些邮件要么是想让你购买什么东西，要么就是想用恶意软件感染你的个人电脑。另外，犯罪分子还可能使用你的未加密电子邮件中的细节来设计鱼叉式网络钓鱼攻击。

藏在阴影里的家伙，他的真实目的是什么

在第二个实验中，该团队在靠近议会大厦、工党和保守党总部以及国家打击犯罪局的位置设置了一个热点。在 30 分钟内就有 250 人连接到了这个实验性的免费热点。其中大多数都是这些人使用的设备自动连接的。换句话说，这些用户并不是有意识地选择该网络，而是设备帮他们选的。

这种做法有一些问题。先让我们看看你的移动设备自动加入某个Wi-Fi 网络的方式和原因是什么。

传统个人电脑和所有的移动设备都能记住最近几个 Wi-Fi 连接，不管是公共的还是私人的。这样很好，因为可以为你省去重复验证常用Wi-Fi 接入点的麻烦——比如你家里或办公室的 Wi-Fi。但如果你走进一家从没去过的全新的咖啡馆，却突然发现自己有这里的无线连接，这可能就是一件坏事。为什么是坏事呢？因为你连接到的可能并不是这家咖啡馆的无线网络，而是其他什么东西。

也许你的移动设备检测到了一个与你的最近连接列表中某个配置匹配的接入点。在设备自动连接到一个你之前从未去过的地方的 Wi-Fi 时，你可能会在其便捷性之外觉察到什么，但你也可能已经玩起射击游戏了，除此之外不愿多想。

自动 Wi-Fi 连接是如何生效的？正如我在前一章解释过的那样，也许你家里有 Comcast Internet 服务，如果你真的在用这个服务，你的服务套餐中可能还会有一个免费的未加密的公开 SSID，名为 Xfinity。你启用了 Wi-Fi 的设备过去也许曾经和它连接过一次。但你怎么知道这不是某个在角落的桌旁使用笔记本电脑的家伙广播的名叫 Xfinity 的假冒无线接入点呢？

让我们假设你已经连接到了角落阴影里那个家伙的网络，而不是

咖啡馆的无线网络。你仍然能上网冲浪。所以你可能会继续玩你的游戏。但是，你发送的和通过互联网接收的每一个未加密的数据包，都可以被这个阴影中的人通过他那假冒的笔记本电脑无线网络接入点看到。

如果他已经不嫌麻烦地设置了一个假的无线网络接入点，那么他就有可能使用 Wireshark 等免费应用来获取这些数据包。我的渗透测试工作就会用到这个应用。它让我能够看到我周围发生的网络活动。我可以看到人们连接的网站的 IP 地址，以及他们在这些网站的访问时间。如果该连接没有加密，基本上就意味着向公众开放了，那么截取其流量就是合法的。比如说，作为一位 IT 主管，我需要知道我的网络上所进行的活动。

也许阴影中的那个家伙只是在偷窥，看看你访问了什么地方，而没有干涉你的流量。或者，也许他正在主动干预你的互联网流量。做这种事有很多目的。

也许那个人会将你的连接重新定向到一个代理，该代理会在你的浏览器中植入一个 JavaScript 键盘记录器，这样当你访问亚马逊的网站时，它就能获取你在与该网站交互期间所按下的键。也许那个人是靠猎取你的凭证（用户名和密码）赚钱。要记住，你的信用卡可能关联了亚马逊和其他零售商。

我在发表主题演讲时会进行一个演示，借以说明一旦受害者连接到我伪造的接入点，我可以如何在他访问网站时截取其用户名和密码。由于处在受害者和网站之间的交互中间，所以我可以注入 JavaScript 并让他的屏幕上弹出虚假的 Adobe 更新，如果这个伪造的更新安装成功，受害者的计算机就会感染恶意软件。这种事的目的通常都是诱骗你安装虚假更新，从而获取你的计算机的控制权。

角落桌旁那个家伙影响互联网流量的做法被称为中间人攻击（manin-the-middle attack）。攻击者会在你和真实网站之间代理你的数据包，也会在这个过程中截取或注入数据。

　　现在你知道，你可能会无意中连接到某个可疑的 Wi-Fi 接入点了，那么又该如何防止这种事发生呢？对于笔记本电脑，设备会经历一个搜索首选无线网络的过程，然后才会与它连接。但有的笔记本电脑和移动设备会自动选择所要加入的网络。这种设计的目的是让你能尽量没有痛苦地将你的移动设备从一个地方带到另一个地方。但前面也提到了，这种便利带有缺陷。

　　据苹果公司的说法，其产品会按以下偏好顺序自动连接到网络：

● 该设备最近加入过的私有网络；

● 另一个私有网络；

● 热点网络。

　　幸运的是，笔记本电脑提供了删除过时的 Wi-Fi 连接的方法——比如去年夏天某次出差时你连接的酒店 Wi-Fi。在 Windows 笔记本电脑上，你可以在连接之前取消网络名称旁边的"自动连接"勾选。或者进入控制面板 > 网络和共享中心，点击网络名称，点击"无线属性"，然后取消"当此网络在范围内时自动连接"的勾选。在 Mac 上，进入系统偏好设置，进入网络，在左侧面板上选中 Wi-Fi，点击"高级"，然后取消"记住这台电脑所加入的网络"的勾选。你也可以单独移除某些网络，只需选中网络名称，然后按下面的减号按钮即可。

　　安卓和 iOS 设备也有删除之前使用过的 Wi-Fi 连接的说明。在 iPhone 或 iPod 上，进入你的设置，选择"Wi-Fi"，点击网络名称旁的"i"图标，然后选择"忽略此网络"。在安卓手机上，你可以进入你的设置，选择"Wi-Fi"，长按网络名称，然后选择"忘记网络"。

　　老实说，如果你真有什么需要远离自己家去做的敏感事情，那我推荐你使用自己移动设备上的蜂窝连接，而不是用机场或咖啡馆的无线网络。你可以使用 USB、蓝牙或 Wi-Fi 共享你的个人移动设备的网络。如果你使用 Wi-Fi，那就要确保你像之前提到的那样配置了 WPA2 加密。另一个选择是购买一个便携式热点，以便旅行途中使用。要注意，这并不能让你隐身，但比起使用公共 Wi-Fi，这是一个更好的替代选择。如果你不想让移动运营商知道你的隐私，那么我建议你使用 HTTPS Everywhere 或安全文件传输协议（Secure File Transfer Protocol，简称 SFTP）。Mac 上的 Transmit 应用和 Windows 上的 Tunnelier 应用都支持 SFTP。

关闭 Wi-Fi

　　假设你只是想查看天气，不做任何财务事务或个人事务，那么在你的家庭网络之外使用自己的个人笔记本电脑应该是安全的，对吧？同样，还是不安全。你仍然需要采取一些预防措施。

　　首先，关闭 Wi-Fi。我是说真的。很多人把笔记本电脑上的 Wi-Fi 一直开着，即使在不需要 Wi-Fi 时也是这样。根据爱德华·斯诺登公布的文件，加拿大通信安全局（CSEC）仅凭设备的 MAC 地址就能识别经过加拿大机场的旅客的身份。任何正在搜索无线设备发送的探测请求的计算机都可以读到这些信息。即使你没有连接，你的 MAC 地址仍然可被获取。所以如果你不需要用 Wi-Fi，就关闭它。正如我们所见，便捷与隐私和安全往往不可兼得。

每次连接无线网络，你都要修改 MAC 地址

到目前为止，我们一直都绕过了一个重要问题——你的 MAC 地址。不管你使用的是什么设备，这个地址都是独一无二的。而且它不是永久性的，你可以修改它。

让我举一个例子。在第 2 章中，我谈到了使用 PGP 加密你的电子邮件。但如果你不想这么麻烦或者收件人没有 PGP 公钥让你使用，又该怎么办？还有另一种通过电子邮件交换信息的隐秘方法：使用共享电子邮箱账号的草稿文件夹。

这就是美国中央情报局前局长大卫·彼得雷乌斯（David Petraeus）将军与他的情妇宝拉·布罗德维尔（Paula Broadwell）交换信息的方式。在彼得雷乌斯结束了这段关系并注意到某人曾给他的一位朋友发送过威胁电子邮件之后，这个丑闻才得以公开。FBI 调查时不仅发现这些威胁来自布罗德维尔，还发现她一直在给彼得雷乌斯写浪漫的留言。

有趣的是，布罗德维尔和彼得雷乌斯之间的信息并没有传输，而是留在这个"匿名"电子邮箱账号的草稿文件夹中。在这种情况下，电子邮件不会为了到达收件人的邮箱而通过其他服务器，被拦截的可能性就会更小。就算某人确实在之后取得了该账号的权限，只要你之前先删除了电子邮件并清空了垃圾箱，就不会留下证据。

布罗德维尔也使用了一台专门的计算机来登录这个"匿名"电子邮箱账号。她没有用自己家的 IP 地址连接这个电子邮箱网站。那样就太明显了。相反，她在各种酒店里进行她的通信。

尽管布罗德维尔为了隐藏自己费了很多心思，但她仍然没有隐身。据《纽约时报》报道："因为这个发送者的账号是匿名注册的，所以调查者必须使用取证技术来识别是谁写了这些电子邮件，其中包括检查同一个计算机地址访问过其他哪些电子邮箱账号。"

　　谷歌、雅虎和微软等电子邮箱提供商会将登录记录保留一年以上的时间，这些记录会揭示用户登录时所用的 IP 地址。比如说，你使用的是星巴克的一个公共 Wi-Fi，那么你的 IP 地址就会显示这家店的实际位置。美国目前允许执法机构从电子邮件服务提供商那里获取这些登录记录，而且只需一张传票就能实现。

　　这意味着，调查者能取得联系过该特定电子邮箱账号的每个 IP 地址的实际位置，然后将布罗德维尔的设备的 MAC 地址与这些位置的路由器连接日志相匹配。[2]

　　凭借 FBI 背后绝对的权威性（这很重要，因为那时候彼得雷乌斯是 CIA 局长），特工可以搜索每家酒店的全部路由器日志文件，查看布罗德维尔的 MAC 地址什么时候在酒店日志文件中出现过。此外，他们还能说明在所涉及的日期中，布罗德维尔是一位登记的客人。这些调查者明确指出，她在登录这些电子邮箱账号期间并没有真正发送出一封电子邮件。

　　当你连接到一个无线网络时，你的 MAC 地址会被该无线网络设备自动记录下来。MAC 地址就像是分配给你的网卡的一个序列号。为了隐身，你在连接到任何无线网络之前，都需要将你的 MAC 地址改成一个与你无关的地址。

　　为了保持隐身，每次连接无线网络时，你都应该修改 MAC 地址，这样你的互联网会话才不会轻易地与你关联起来。在这个过程中，也不要访问你的任何个人网络账号，这很重要，因为那样做可能会损害你的匿名性。

　　在各种操作系统（Windows、Mac OS、Linux，甚至安卓和 iOS）上，修改 MAC 地址的操作过程各有不同。[3]每当你要连接一个公共（或私有）网络时，记得修改你的 MAC 地址。重启之后，原来的 MAC 地址就会恢复。

公共计算机"不留痕迹"的规则

假设你没有自己的笔记本电脑,因而别无选择,只能使用公共计算机终端,可能是在咖啡馆、图书馆甚至高档酒店的商务中心里。这时,你可以怎样保护自己呢?

我在露营的时候看到过"不留痕迹"的规则——也就是说,露营地应该看起来和我刚到达时一样。使用公共个人电脑终端时也是同理。在你离开后,没人会知道你用过它。

在贸易展会上尤其如此。我有一年参加过年度的消费电子展(Consumer Electronics Show,简称 CES),看到那里安装了一排公共个人电脑,让参会者可以在展厅里走动时检查自己的电子邮件。我甚至在旧金山每年举办的具有安全意识的美国信息安全大会(RSA 大会)上看到过这种配置。使用在公共场合排成一列的普通终端是很糟糕的,原因有很多:

- 首先,这些是租用的计算机,从一个活动到另一个活动反复使用。它们可能会有清理,重新安装了操作系统,但也可能并不是这样。
- 其次,它们往往运行着管理员权限,这意味着参会者可以安装任何他想安装的软件,包括恶意软件,比如可以保存你的用户名和密码信息的键盘记录器。在安全业务中,我们常谈到"最小特权"原则,即机器仅向用户提供完成工作所需的最小权限。而一些公共终端默认设置了系统管理员权限,登录这样的公共终端有违最小特权原则,只会增加你使用的设备曾感染过恶意软件的风险。

　　一般而言，我建议永远不要信任公共个人电脑终端。应该假定上一个使用它的人安装了恶意软件——不管是有意还是无意的。如果你在一台公共终端上登录了 Gmail，而且那台公共终端上有一个键盘记录器，那么一些远程的第三方就会获得你的用户名和密码。如果你登录了你的银行——别想了，千万不要登录银行。记住，你应该在接入的每个网站上启用双因素认证即 2FA，这样，拿到了你的用户名和密码的攻击者也没法冒充你。即使某人确实知道了你的用户名和密码，那么 2FA 也可以极大地降低你的账号遭侵入的可能性。

　　在 CES 和 RSA 等关于计算机的大会上使用公共柜台设备的人数让我很是惊讶。给你一个底线：如果你在贸易展会上，那就使用你的启用了蜂窝网络的手机或平板电脑、你的个人热点，或者等回到你的房间再上网。

　　如果你不得不在远离你家或办公室的地方使用互联网，那就使用你的智能手机。如果你必须使用一台公共终端，千万不要登录任何个人账号，网页邮箱也不行。比如，你在查找一家餐厅，那就只访问那些网站，不要请求身份认证。如果你时不时就要使用公共终端，那就设置一个仅在公共终端上使用的电子邮箱账号，而且只有当你在路上时，才能从你的正规账号向这个"可抛弃"的地址转发电子邮件。一旦你回到家，就停止转发。这样会使从那个电子邮箱地址可以找到的信息最小化。

　　接下来，要确保你在公共终端上访问的网站的 URL 中有 https。如果你没看到 https（或者确实看见了，但怀疑有人将其放到那里是为了让你有错误的安全感），那你可能就应该仔细考虑是否要用这台公共终端访问敏感信息。

　　假设你用的是一个合规的 https URL。如果你在登录页面上，要找到写着"保持登录状态"的勾选框，然后取消勾选。原因很清楚：这不是你的个人电脑。其他人也会使用它。如果保持登录状态，你就在这台机器上创造了一个 cookie。你不希望使用该终端的下一个人看到你的电子邮件，或者用你的地址发送电子邮件，对吧？

　　如上所述，也不要在公共终端上登录财务或医疗网站。如果你确实需要登录一个网站（不管是 Gmail 还是其他网站），一定要在用完之后登出，甚至还要考虑在你自己的计算机或移动设备上修改你的密码，以保证安全。在家里时，你可能并不总会登出你的账号，但在使用别人的计算机时，你必须要一直这么做。

　　在发送完你的电子邮件（或看完你想看的什么内容）并登出之后，要尽量清除浏览器历史记录，这样，下一个人就没法知道你访问过哪里。另外，如果可能，你也要删除所有 cookie。还要确保你没在该计算机上下载个人文件。如果你下载了，记得在下载之后从该计算机上删除这些文件或下载文件夹。

　　但不幸的是，光是删除这些文件还不够。接下来，你还需要清空垃圾箱。这样也还是没有完全从该计算机上删除这些文件——如果我想，我可以在你离开后检索到这些文件。幸好大多数人没有做这种事的能力，通常删除文件和清空垃圾箱就足够了。

　　为了在公共终端上隐身，所有这些步骤都是必要的。

THE ART OF
INVISIBILITY

The Art of Invisibility   The Art of
nvisibility   The Art of Invisibility
he Art of Invisibility   The Art of Invisibility
          The Art of Invisibility   The
rt of Invisibility ▮▮▮

第二部分

隐私安全最关键的
六大未来场景

The Art of Invisibility

社交网络时代,
隐私正在消亡

09

在前反病毒软件创造者约翰·迈克菲（John McAfee）在伯利兹逃避当局追捕期间，他创立了一个博客。听我一言：如果你想避开侦查，完全消失，那就不要开什么博客。其中的一个原因是，你肯定会犯错误。

迈克菲是个聪明人。早些年他在硅谷进行了反病毒方面的开创性研究，获得了一笔钱。然后他卖掉了公司，卖掉了他在美国的所有资产，在 2008 年到 2012 年的 4 年时间里都生活在伯利兹一处远离海岸的私人房产中。在那段时间快要结束时，伯利兹政府对他进行了不间断的监控，夺走了他的财产，还指控他组织了一支私人军队并参与贩毒。

迈克菲否认自己做过这些事。他声称自己在对抗这个岛上的毒枭。比如，他说他向一个小打小闹的大麻贩子提供了一台平板电视机，条件是这个毒贩要停止贩毒。而且人们都知道，迈克菲会截住那些他怀疑载着毒贩的车辆。[1]

迈克菲确实有一个药物实验室，但并不一定是用于制造娱乐性毒品。他声称自己正在创造一种新一代的"有益的"药物。因此，他越来越怀疑他家外面那些汽车里的白人男子都是葛兰素史克（GlaxoSmithKline）等制药公司派出的间谍。他还声称当地警方的袭击是由这些制药公司策划的。

　　有几个配枪的男人和 11 只狗在保卫迈克菲的财产。他南边相邻两栋房子的邻居格雷格·福尔（Greg Faull）经常向当局投诉，说这些狗在深夜吠叫。之后，在 2012 年 11 月的一个夜晚，迈克菲的一些狗被毒死了。那一周的晚些时候，福尔遭人枪杀，死在自己的家中，脸朝下，趴在一摊血里。

　　伯利兹当局在调查中自然认为迈克菲是犯罪嫌疑人。迈克菲在自己的博客中说，当他听到管家说警方想找他问话时，就跑出去躲了起来。他变成了逃犯。但最终让执法部门找到他的并不是他的博客，而是一张照片。这张照片甚至都不是他自己的。

　　安全圈内以"Simple Nomad"之名为人所知的马克·洛夫莱斯（Mark Loveless）是一位安全研究者。他注意到，*Vice* 杂志在 2012 年 12 月初在 Twitter 上发布了一张迈克菲的照片。在这张照片上，*Vice* 的编辑与迈克菲一起站在一个热带地区——也许是伯利兹，也许是其他地方。

　　洛夫莱斯知道，数字照片会捕获大量有关照片拍摄的时间、地点和方式的信息，他想看看这张照片可能包含哪些数字信息。数字照片是以所谓的可交换图像文件（exchangeable image file，简称 EXIF）数据形式存储的。这是照片元数据，其中包含了各种寻常的细节，比如图像的色彩饱和度，这些细节可以让屏幕或打印机准确地重现照片。如果相机具备这种功能，其中还会包含照片拍摄位置的准确经纬度。

　　显然，迈克菲与这位 *Vice* 杂志编辑的合照是用 iPhone 4S 的相机拍摄的。一些手机出厂的时候就已经自动启用了定位。洛夫莱斯很幸运：这张在网上发布的照片中包含了约翰·迈克菲的准确地理位置，由此可以发现，他实际上就在伯利兹的邻国危地马拉。

　　在后续一篇博客中，迈克菲说他伪造了这些数据，但这看起来不太可能。之后，他又说原本就打算公布自己的位置——很可能是他偷懒才没有这么做。

　　长话短说，危地马拉警方拘留了迈克菲，并且不让他离开该国。然后迈克菲生了病，住进了医院，最后才被允许返回美国。

　　格雷格·福尔的谋杀案仍然悬而未决。迈克菲现在住在田纳西州，他在 2015 年还决定竞选美国总统，主张美国政府应采取对网络更加友好的政策。他现在发的博客基本不如以往那么多了。

当心场景中所隐藏的信息

　　假设你是一个雄心勃勃的年轻人，被派到了伊拉克新建立的军事总部，你对此感到很自豪。那你会做的第一件事是什么？你会拿出你的手机来一张自拍。也许会更糟——除了你和你的新巢穴的照片，你还加了几句话，谈了谈这个特定组织中可以使用的先进设备。

　　半个世界之外，佛罗里达州赫尔伯特空军基地（Hurlburt Field）的侦察兵正在梳理社交网络并查看这张照片。其中一个士兵说："我们找到了一个目标。"经过充分确认，几个小时后，3 枚联合制导攻击武器炸掉了这栋新建的亮闪闪的军事建筑。这全都是因为一张自拍。

　　通常我们不会注意刚拍的自拍照片里面还有什么其他信息。在电影和戏剧中，这被称为"mise-en-scène"，将法语大致翻译过来就是"场景中所具有的东西"。你的照片中可能有拥挤的城市天际线，在你的公寓窗外能看到自由塔。即使是在农村场景中的照片（可能是一个延伸到地平线的大牧场），也可以向我提供关于你生活的地方的有价值的信息。这些视觉信息可以提供细微的地理位置线索，也许能让急于想要找到你的人有迹可循。

　　在这个例子中，照片场景里有一个军事总部。

　　这张自拍的元数据中带有照片拍摄位置的准确经纬度，即地址位置信息。美国空军作战司令部的鹰·卡莱尔①将军估计，从这张自拍在社交媒体发布开始，到那个总部被完全摧毁，仅有短短的 24 小时。

　　显然，图像文件中的元数据可以被用于定位你的位置。数字图像中的 EXIF 数据包含拍摄该照片的日期和时间、相机的品牌和型号等信息；如果你拍照的设备激活了定位功能，那还会有你拍照位置的经纬度。美国军方正是使用文件中的这个信息找到了沙漠中的那个军事总部，就像马克·洛夫莱斯使用 EXIF 数据确定了约翰·迈克菲的位置一样。任何人都可以使用工具读取存储在照片和文档中的元数据——苹果 OSX 上的文件检查器自带这个功能，Windows 可以下载 FOCA 等工具，Linux 也可以下载 Metagoofil 等工具。

　　有时候，暴露你的位置的不是照片，而是应用。

　　　　2015 年夏季，毒枭乔奎恩·查普·古兹曼（Joaquin "El Chapo" Guzman）从墨西哥戒备最森严的阿尔蒂普拉诺监狱越狱，然后立即脱离了侦查范围。他真的脱离了吗？

　　　　在他从监狱逃跑 2 个月后，查普 29 岁的儿子耶苏·阿尔弗雷多·古兹曼·萨拉查（Jesus Alfredo Guzman Salazar）在 Twitter 上发布了一张图片。尽管和萨拉查一起坐在桌子上用餐的两个男人都用表情符号挡住了脸，但左侧那个男人的体形非常像查普。萨拉查还进一步给这张图加了描述："现在是 8 月，你知道和谁在一起。"这条推文也包含了位置数据——哥斯达黎加，说明查普的儿子没有关闭 Twitter 的智能手机应用的自动标注功能。

---

① 　原文为 Hawk Carlisle，指赫伯特·卡莱尔（Herbert J. Carlisle）。他是美国空军上将，绰号"鹰"（Hawk），现为美国空军作战司令部司令，2014 年 10 月上任。——译者注

即使你家里没有逃犯，也需要当心你照片中隐藏的（有时候一眼就能看出来的）数字和视觉信息，它们可以向不认识你的人泄露大量信息，并给你带来困扰。

人脸识别，个人隐私泄露的罪魁祸首

网络照片不仅能暴露你的位置，在与某些其他软件程序结合使用时，它们还能暴露关于你的个人信息。

在 2011 年，卡内基梅隆大学的研究者亚历山德罗·阿奎斯蒂（Alessandro Acquisti）提出了一个简单假设，他说："我想看看能不能根据街上随意的一张脸找到对应的那个人的社会保障号码。"然后他发现，这确实是可能的。[2]通过使用一名学生志愿者的一张普通网络摄像头照片，阿奎斯蒂和他的团队获得了足够多的信息，而这些信息又可以用于获取有关那个人的个人信息。

想想看，你可以随便在街上拍一张某个人的照片，然后使用人脸识别软件尝试确定这个人的身份。如果没有他本人确认自己的身份，你可能会得到一些错误的匹配。但很可能大多数"命中"的都能够给出正确的名字。

"在线数据和离线数据正在融合，而你的脸就是融合通道——这两个世界之间的真正连接。"阿奎斯蒂告诉 *Threatpost*，"我认为这是一个相当令人沮丧的教训。真正的隐私理念正在受到侵蚀，我们不得不面对这个现实。在街上或在人群中，你再也没有隐私了。所有这些技术搭配在一起，挑战了我们对隐私的生物期望。"

为了进行研究，阿奎斯蒂等人在卡内基梅隆大学的校园里让来往的学生停下来，填写一份网络调查。在每个学生参与调查的时候，笔记本电脑上的网络摄像头会给他拍摄一张照片，然后会有人脸识别软件立即在网络上对该图片进行交叉参照检索。在每次调查结束时，屏幕上就会显示几张检索到的照片。阿奎斯蒂说，42%的照片都得到了正确识别并链接到了该学生的Facebook个人资料。

　　如果你也使用Facebook，你可能知道其能力有限的人脸识别技术。向Facebook上传一张照片，该网站就会尝试标记出你的人际网中的人，也就是和你加了好友的人。你确实可以对此功能有所控制。进入你的Facebook设置，你可以要求该网站在每次发生这种事情时提醒你选择是否在该照片中被标注。如果你真的在其中，还可以选择只有在你被提醒之后才能将这张照片发布到你的墙或时间线上。

　　要让有标记的照片在Facebook中隐身，打开你的账号，进入"隐私设置"。其中有各种选项，包括将图片限制在你的个人时间线内。除此之外，Facebook还没有提供防止他人未经许可标注你的选项。

　　谷歌和苹果等公司也在它们的一些应用中内置了人脸识别技术，比如谷歌照片和iPhoto。你也许应该看看这些应用和服务的配置设置，这样就可以限制每个应用和服务的人脸识别技术所做的事情。谷歌目前还没有将人脸识别技术纳入其图像搜索功能（也就是你可以在谷歌搜索窗口中看到的那个小相机图标）。你可以上传一张已有的图片，然后谷歌会找到这张图片，但它不会尝试寻找带有同一个人的其他照片。谷歌已经在各种公开声明中说过，让人们通过人脸识别陌生人的身份"跨过了恐怖的界限"。

　　即便如此，美国一些州也已经在使用车辆管理局的照片数据库来识别犯罪嫌疑人了。然而，单独一个学者能做到什么程度呢？

　　阿奎斯蒂和他的团队想知道通过网上的交叉参照，能够基于图像找到关于一个人的多少信息。为了得到答案，他们使用了一个名叫匹兹堡模式识别（Pittsburgh Pattern Recognition，简称PittPatt）的人脸识别技

术——该技术现已归谷歌所有。PittPatt 中所使用的算法已经被授权给了
各种安全公司和某些机构。在收购这项技术后不久，谷歌公开阐明了自
己的意图："正如我们过去一年多一直说的那样，我们不会在谷歌中加
入人脸识别，除非我们为此做出了一个强大的隐私模型。我们还没有做
出来。"希望该公司能言而有信。

阿奎斯蒂做这项研究的时候，可以将 PittPatt 与数据挖掘得到的
Facebook 图像配合使用，他和他的团队认为，这些图像是可以搜索到的
档案，即卡内基梅隆大学的志愿者已经贴出的自己的照片和一些特定的
个人信息。然后，他们将这个已知人脸的数据集应用到一个流行的在线
约会网站的"匿名"人脸上。研究者发现，在这些理应是"匿名的"数
字偷心者中，他们可以识别出 15% 的人的身份。

然而，最恐怖的实验是将一个人的脸连接到他的社会保障号码。为
了做这个实验，阿奎斯蒂及其团队查找了包含这个人的出生日期和所在
城市的 Facebook 档案。在此之前的 2009 年，同一组研究者曾经表明，
这些信息本身就足以让他们找到一个人的社会保障号码（社会保障号码
是按照各州自己的格式按顺序发布的，而 1989 年以来，发放的社会保
障号码都包含生日或非常接近生日的数字，这让研究者可以更加轻松地
猜出一个人的后 4 位数字）。[3]

初步计算之后，这些研究者向卡内基梅隆大学的学生志愿者发送了
一份后续调查，询问他们的算法所预测的社会保障号码的前 5 位数字是
否正确。调查结果显示，其中大部分都是正确的。

删除照片并不意味着照片会消失

现在我敢打赌，有些照片你并不想发到网上。否则，你很有可能没法

再将其撤出网络——即使你可以从你的社交媒体网站上删除它们也无济于事。部分原因是，一旦你将某些东西贴到了社交网络上，它就归该网络所有了，不再受你掌控。而且你也已经在服务条款中同意了这个条件。

如果你在使用谷歌照片应用，删除了照片也并不一定意味着照片消失了。用户已经发现，即使从他们的移动设备中删除了该应用，这些图片也仍然存在。为什么呢？因为这些图像到达了云后就独立于应用了，这意味着其他应用也许还能访问并继续显示你删除的图像。

这种事有真正实际的后果。比如你曾对某个人的照片发布过一些愚蠢的描述，而这个人现在恰好在你正应聘的公司工作。或者你贴出了一张你与某个你不希望你当前的配偶知道的人在一起的照片。尽管账号可能是你个人的，但数据却是社交网络的。

你可能从没有费心阅读过任何网站的使用条款，但还是在这些网站上发布了你的个人数据、日常经历、想法、意见、故事、牢骚和抱怨等内容，或者你购物、玩耍、学习和互动的位置，也许每天甚至每个小时都在发。大多数社交网络网站需要用户在使用它们的服务之前同意其条款和条件。这些条款中常常包含允许网站存储从用户那里获得的数据以及将其共享给第三方的款项，人们对这种做法尚存争议。

多年来，Facebook 的数据存储政策一直都备受关注，其中包括该网站使得用户难以删除自己的账号这个事实。而且 Facebook 并不是唯一一家这么做的公司。很多网站的使用条款中几乎都有一样的说辞。如果你在注册之前阅读过这些条款，你很有可能会被吓跑。这里就有一个例子，来自 Facebook 在 2015 年 1 月 30 日的条款：

　　　　您拥有您发布在 Facebook 上的所有内容和信息，您可以通过您的隐私和应用设置控制这些内容和信息的分享方式。此外：

1. 对于知识产权所涵盖的内容，比如照片和视频（知识产权内容），您根据您的隐私和应用设置明确地给了我们以下许可：对于您在 Facebook 链接之上或之中发布的任何知识产权内容，您向我们授予了非排他性的、可转让的、可分发的、无版税的全球使用许可（知识产权许可）。当您删除您的知识产权内容或您的账号后，这种知识产权许可就会结束，除非您的内容已经被其他人分享且他们还没有删除。

换句话说，这家社交媒体公司有权以任何它想要的方式使用你在其网站上发布的任何东西。它可以出售你的照片、你的观点、你写的文章或你发布的任何东西，用你的贡献赚钱，却一分钱也不用给你。它可以使用你发布的评论、批评、意见、诽谤、谣言（如果你喜欢这样的事情），以及你发布的关于你的孩子、老板或爱人的最私人的细节。而且它不一定要匿名地使用：如果你使用了你的真实姓名，那么该网站也可以使用。

所有这些至少意味着你在 Facebook 上发布的图像可能会跑到其他网站上去。为了了解世界上是否有任何让人难堪的你的照片，你可以在谷歌中执行所谓的反向图片搜索。要做到这一点，首先点击谷歌搜索窗口中的小相机，然后从你的硬盘上传任何一张照片。几分钟内你就将看到可在网上找到的该图片的任何副本。理论上来说，如果这是你的照片，你应该知道结果中出现的所有网站。但是，如果你发现有人在一个你不喜欢的网站上发布了你的照片，你能做的也很有限。

反向图片搜索仅限于已经发布过的图片。也就是说，如果网上有一张与你发布过的原图相似却不完全一样的图片，谷歌就找不到它。它可以找到你搜索的图片裁剪过的版本，因为在这种情况下，核心数据或核心数据中的大部分仍然是一样的。

有一次我过生日，有人想做一张带有我的影像的邮票。然而，Stamps.com 这家公司有非常严格的政策，不会使用已被定罪的人的图像。我的图片被拒了。也许他们做了一次网络图片搜索。

我在某个地方的某个数据库中是已被定罪的罪犯凯文·米特尼克。

第二年，我的朋友又用一个不同的名字试了一张之前的照片，一张在我广为人知之前拍摄的照片——她推测这张照片应该还没有被上传到网上。你猜怎么着？居然成功了。这张年轻得多的我的照片通过了批准。这说明图片搜索能力有限。

话虽如此，但如果你确实在网上找到了你不愿意被人看到的照片，你有几个选择。

首先，联系这家网站。大多数网站都有一个举报滥用的电子邮箱地址——"abuse@ 网站名 .com"。你也许还能通过"admin@ 网站名 .com"联系该网站的管理员，说明你拥有这张图片并且不允许它发布。大多数网站管理员都不会过多纠结就撤下这张图片。但是，如果有需要，你也可以用电子邮件向"DMCA@ 网站名 .com"发送一份《数字千年版权法案》（*Digital Millennium Copyright Act*，简称 DMCA）请求。

要当心。误报 DMCA 请求可能会给你带来麻烦，所以如果真要做到这种程度，先去做个法律咨询吧。如果你仍然没法移除这张图片，那就考虑向上游走，联系该网站的 ISP（不管是 Comcast、GoDaddy，还是其他公司）。大多数人都会严肃对待合规的 DMCA 请求。

尽量"模糊"你的个人信息

除了照片之外，你的社交媒体档案中还有其他什么东西？你不会向地铁上坐在你旁边的人分享了解你所需要知道的一切。同理，在非个人的网站上分享太多个人信息并不好。你永远不知道谁在看你的档案。而且一旦分享了这些信息，你就没法回头了。仔细考虑考虑要把什么东西放进你的个人资料里——不必填满所有的空白，比如你上过的大学（甚至你上大学的时间）。事实上，你填的信息应该尽可能地少。

你可能也需要专门创造一个社交媒体个人资料。别撒谎，只要刻意给出模糊的事实就行。比如说，你在亚特兰大长大，那就写在"美国东南部"长大或"我来自南方"。

你可能也需要创建一个"安全"生日（并不是你真实的生日）来进一步隐藏个人信息。一定要记住你的安全生日，因为有时候你需要打电话寻求技术支持，或者需要在被锁定之后重新进入某个网站，这个信息会被用于验证你的身份。

在创建或调整了你的网络个人资料之后，再花几分钟看看每个网站的隐私选项。比如，在 Facebook 上你应该启用隐私控制，其中包括标签审查；禁用"向朋友推荐我的照片"；禁用"朋友可以在其他地方标记我"。

有 Facebook 账号的孩子可能最让人忧心。他们往往会尽力填满每一个空白框，就连他们的关系状态也不放过。或者他们会天真地公布自己的学校和老师的名字，甚至每天早上要乘坐几站巴士。尽管没必要告诉全世界他们准确的居住位置，但他们仍然可能会这么做。家长需要和孩子加好友，监督他们发布的内容；理想情况下还应该提前讨论一下什么是可以接受的，什么又是不可接受的。

隐身并不意味着你不能安全地分享有关你个人生活的更新，但这既涉及常识，又需要反复查看你所用的社交网站的隐私设置——因为隐私政策会改变，而且有时候并不是往好的方向改变。不要展示你的生日，甚至你的安全生日也不要展示，或者至少不要让你并不真正认识的Facebook "好友"看到。

比如，有一个帖子说桑切斯太太是一个很棒的老师。另一个帖子可能是关于阿拉莫小学的工艺品展会的。用谷歌搜一下，我们会发现桑切斯太太在阿拉莫小学教五年级。根据这一点，我们可以猜测这个学生账号的持有人年纪大约 10 岁。

尽管《消费者报告》杂志等组织机构警告过那些发布个人信息的人，但人们还是在网上畅所欲言。要记住，一旦这些信息公开，第三方取用这些信息就是完全合法的。

还要记住，没人强迫你发布个人信息。你可以按自己的想法发布或多或少的信息。在某些案例中，你会被要求填写某些信息。除此之外，都是由你自己决定分享多少信息合适。你需要决定自己的个人隐私水平，还要了解你提供的任何信息都无法撤回。

为了帮你做出最合适的选择，Facebook 于 2015 年 5 月推出了一款新的隐私检查工具。尽管有这样的工具，但在 2012 年，还是有近 1 300 万 Facebook 用户告诉《消费者报告》杂志，他们从未设置过或根本不知道 Facebook 的隐私工具，而且有 28% 的人把全部或几乎全部的帖子都分享给了非好友。此外，《消费者报告》调查的这些人中，有 25% 说他们伪造了个人资料中的信息以保护自己的身份，而在 2010 年这一数字还是 10%。至少我们在学习。

尽管你确实有权发布关于你自己的并不严格准确的信息，但要当心，在加利福尼亚州，冒充其他人发帖是非法的。你不能假冒另一个活生生的人。而且 Facebook 也有不让你用虚假姓名创建账号的政策。

实际上，我就遇到过这种事。我的账号曾被 Facebook 停用过，因为 Facebook 指控我冒充凯文·米特尼克。那时候 Facebook 上有 12 个凯文·米特尼克。在 CNET[①] 发布了一篇关于"真正的"凯文·米特尼克被

---

① 美国一家资讯网站，内容覆盖科技、数码、IT、互联网、游戏等领域。——译者注

Facebook 锁定的报道之后，这件事才得到解决。

　　但是，有很多原因可能导致个人需要用不同的姓名发帖。如果这对你很重要，那就找一个允许你匿名或用另一个名字发帖的社交媒体服务。但是，那些网站在广度和覆盖面上不及 Facebook。

　　加好友要谨慎。如果你已经和这个人见过面，那没问题。或者如果这个人是你认识的某个人的朋友，那也还行。但如果你收到一个主动发来的请求，就要仔细想想了。尽管你可以随时解除与那个人的好友关系，但他依然有机会查看你的全部档案——对于想恶意干扰你生活的人，几秒钟就足够了。我建议最好是限制你在 Facebook 上分享的所有个人信息，因为在社交网站上一直都有很多人身攻击，甚至在好友之间也有。而且你的好友能看见的数据也可以被他们转发到其他地方，这不需要你的同意，你也没法控制。

　　举个例子。曾经有个男人想雇用我，因为他是一起敲诈勒索案的受害者。他在 Facebook 上遇到了一位令人惊艳的美丽女孩，然后开始给她发送自己的私密照片。这件事持续了一段时间。之后有一天，这个女人（也可能只是使用了女人的照片，实际上是生活在尼日利亚的某个男人）要他给她 4 000 美元。他照做了，然后又被要求拿出另外 4 000 美元，否则他的私密照片就会被发送给他在 Facebook 上的所有好友，包括他的父母；之后他就联系了我。这个情况让他绝望。我告诉他，他真正的选择就是告诉他的家人，或等着看这个敲诈勒索者是否会将威胁落实。我告诉他别再付钱了，只要他继续付钱，这个敲诈勒索者就不会罢手。

　　即使是合规的社交网络也可能遭到入侵：某人加你好友的目的可能是接触到你认识的人。执法人员可能正在搜集有关某个嫌疑人的信息，而这个人又正好在你的社交网络中。这种事经常发生。

　　据电子前线基金会称，联邦调查人员已经使用社交网络进行被动监控很多年了。2011 年，电子前线基金会为美国国税局员工推出了一份 38 页的训练课程（通过《信息自由法案》获得），该基金会表示，这个课程用于培训通过社交网络开展调查的能力。尽管联邦特工不能合法地假装成别人，但他们可以合法地添加你为好友。这样他们就可以看到你所有的帖子（这取决于你的隐私设置）以及你社交网络中其他人的帖子了。电子前线基金会正在继续研究与这种新形式的执法监控相关的隐私问题。

小心那些监控社交网络的组织

如果你发布了让某些组织机构厌恶的内容，它们有时候就会跟踪你，至少是监控你。比如，你对学校的某次考试进行了一番无心的评论。对一名学生而言，这样一条推文可能会带来很大的麻烦。

有一家考试公司曾为新泽西州沃伦县沃昌山地区高中提供了一次全州范围的考试，后来，当这所中学的校长伊丽莎白·C. 朱伊特（Elizabeth C. Jewett）收到了来自该公司的通信时，她的反应是惊讶而非担心。她惊讶的是培生教育（Pearson Education）竟然会看学生的 Twitter 账号。当未成年人在社交媒体上发布内容时，人们通常都会给他们留一定程度的隐私和操作余地。但学生（不管是初中生、高中生还是大学生）也要认识到他们在网上的所作所为是公开的，有人在看着。在这个案例中，据说朱伊特的一名学生在 Twitter 上发布了一次标准化考试的材料。

事实上，这个考试是在新泽西州举行的为期一天的大学和职业准备评估联盟（Partnership for Assessment of Readiness for College and Careers，简称 PARCC）考试；这名学生发布的是关于该考试中某个题目的一个问题——并不是试卷的照片，只是几句话而已。这条推文是在大约下午 3

点发布的，已经是在这一地区的学生结束考试相当久之后了。当校长与发推学生的一位家长谈过话之后，这名学生删除了那条推文。其中没有作弊的证据。这条未向公众披露的推文只是一个主观的评论，而并非是想收集答案。

但培生的所作所为是一个让人不安的启示。"教育部提醒我们，培生在 PARCC 考试期间一直在监控所有社交媒体。"朱伊特在发给同事的一封电子邮件中这样写道，而当地一名专栏作家未经她的允许就公开了这封邮件。在这封邮件中，朱伊特证实培生至少还认定了其他三例并将其汇报给了该州的教育部。

尽管培生并不是唯一一家为了侦测知识产权盗用而监控社交网络的组织机构，它的行为却引出了实实在在的问题。比如，这家公司是如何确定发出这条推文的学生的身份的？培生在提供给《纽约时报》的一份声明中称："从闲聊到在社交媒体上发帖，任何时候在教室之外分享关于考试的信息都是违规的。再次重申，我们的目标是确保所有学生都能公平考试。每个学生都应该有机会在一个公平竞争的环境中参加考试。"

《纽约时报》说自己已经通过也参与管理 PARCC 考试的马萨诸塞州官员证实，培生确实会将和标准化考试相关的推文与登记参加该考试的学生的名单进行交叉参照。培生拒绝了《纽约时报》的评论请求。

加利福尼亚州也会在其年度的标准化考试与报告（Standardized Testing and Reporting，简称 STAR）考试期间监控社交媒体，这已经持续了很多年。在 2013 年，即该考试在全州进行的最后一年，加利福尼亚州教育部确定，有 242 所学校的学生在考试进行期间在社交媒体上发过帖，其中有 16 所学校的学生发布了考试问题或答案。

"这一事件显著表明了学生在传统学校环境内外受监控的程度，"纽约大学信息法研究所隐私研究员艾拉娜·赛德（Elana Zeide）说，"社交媒体通常被看作是与学校分离的领域。Twitter 似乎更像'校外'的语言，所以培生的监控更像是窥探学生坐在车里的谈话，而不是在学校走廊里的交谈。"

　　但是，她又接着说："这些谈话不仅要以个人利益和危害为重，还要考虑信息实践在更大范围上的后果。不能只是因为卢德主义者①这样的家长无法对他们的孩子实施特定的和立即的伤害，学校和供应商就可以继续忽视他们。反过来，家长也需要理解，学校不能维护他们所有的隐私偏好，因为这还涉及影响整个教育制度的集体利益。"

　　Twitter 标志性的 140 字符限制已经变得无处不在，收集了大量有关我们日常生活的看似微不足道的细节。其隐私政策承认它在通过各种网站、应用、短信服务、API（应用程序编程接口）和其他第三方收集并保存个人信息。当人们使用 Twitter 的服务时，他们就同意了该公司收集、转移、存储、操作、公开和用其他方式处理这些信息。为了创建一个 Twitter 账号，你必须提供一个名字、用户名、密码和电子邮箱地址。你的电子邮箱地址最多只能用于一个 Twitter 账号。

　　Twitter 上的另一个隐私问题关系到推文泄露，即隐私推文被公开。当有隐私账号的人的好友将这个人的隐私推文转发或复制并粘贴到一个公开账号时，就会发生这种事。一旦公开，就再也没法回头了。

　　在 Twitter 上分享个人信息也可能会有危险，尤其是当你的推文公开时（这是默认的）。不要在 Twitter 上分享地址、电话号码、信用卡号码和社会保障号码。如果你必须分享敏感信息，那就使用私信功能来联系特定的个人。但要当心，即使是隐私推文或私信也可能会被公开。

---

①　卢德主义者（Luddite）是 19 世纪英国民间对抗工业革命、反对纺织工业化的社会运动者。该运动中常常发生毁坏纺织机的事件。这是因为工业革命运用机器大量取代人力劳作，使许多手工工人失业。后世也将反对任何新科技的人称作卢德主义者。——译者注

对当今的年轻人来说，Facebook 和 Twitter 已经老了。Z 世代[①] 在移动设备上的行为是以 WhatsApp（讽刺的是，它现在属于 Facebook）、Snapchat（不属于 Facebook）、Instagram 与 Instagram Stories（也属于 Facebook）为中心的。所有这些应用都注重视觉，让你可以发布照片和视频，或者展示其他人拍摄的照片和视频。

Instagram 是一款分享照片和视频的应用，是 Facebook 旗下针对更年轻受众的产品。它支持用户之间互相关注、喜欢和聊天。Instagram 有服务条款，似乎会响应用户和版权持有者对撤下内容的请求。

Snapchat 可能是这几个应用里面最古怪离奇的，也许是因为它不属于 Facebook 吧。Snapchat 宣称它可以让你向别人发送自毁式照片。这些图片的寿命很短，大概只有 2 秒，只够收信人看到这张图片。不幸的是，对想要快速截屏的人来说，2 秒足够长了；而这些屏幕截图能够长存。

2013 年的冬天，新泽西州的两名未成年高中女生拍摄了自己的私密照片，并使用 Snapchat 将它们发送给了学校的一个男生；她们想当然地认为这些照片会在发送出去 2 秒后自动删除。至少 Snapchat 公司是这样说的。

但是，这个男生知道如何给 Snapchat 消息截图，然后他将这些图片上传到他的 Instagram 上。Instagram 可不会在 2 秒钟后删除照片。无须多言，这些未成年女生的私密照片像病毒一样传播开了。该校的校长不得不向家长们发送了家长信，要求所有学生必须删除手机中的这些图片，否则他们就有因儿童色情内容起诉而被逮捕的风险。至于这 3 名学生，因为是未成年人，所以不会被指控犯罪，但每个学生都受到了其学区的纪律处分。

---

① Z 世代（Generation Z）是欧美常用的说法，其年龄分布并没有精确的定义，大致范围是 20 世纪 90 年代中叶到 21 世纪第一个 10 年中期出生的人。——译者注

　　而且不只有女孩给男孩发私密照片。在英国，有一个 14 岁的男生通过 Snapchat 将自己的一张私密照片发给了同校的一个女生，他也一样认为这张图片会在几秒钟后消失。但是这个女孩截了图，然后……你猜得到接下来的故事。据 BBC 报道，尽管这个男孩和这个女孩年纪太小，不会被起诉，但他们将被列入英国一个性犯罪数据库中。

　　就像 WhatsApp 那前后矛盾的图像模糊功能一样，Snapchat 虽然承诺会删除图片，但实际上并没有真正做到。在 2014 年，Snapchat 通过了一项美国联邦贸易委员会（Federal Trade Commission，简称 FTC）的协议，协议关于起诉该公司在其消息的删除性质方面欺骗了用户，FTC 称该公司可以在之后保存或检索这些消息。Snapchat 的隐私政策也说自己在任何时候都不会要求、跟踪或读取你的设备上关于位置的信息，但 FTC 发现这些声明也是假的。[4]

　　所有的网络服务都要求用户至少要 13 岁才能订阅。这就是这些服务会询问你的出生日期的原因。但是，用户还是可以说"我发誓我超过 13 岁了"什么的；顺便一说，这是做伪证。发现自己 10 岁的孩子注册了 Snapchat 或 Facebook 账号的家长可以举报他们，从而使他们的账号被停用。另一方面，那些想让自己的孩子有一个账号的家长往往会修改孩子的出生日期。这个数据会变成孩子档案的一部分。突然之间，你 10 岁的孩子就变成 14 岁了，这也意味着他所看到的网络广告是针对年龄更大的孩子的。还要注意，你的孩子通过该服务分享的每个电子邮箱地址和每张照片都会被记录下来。

　　Snapchat 应用还会将来自安卓用户的移动设备的基于 Wi-Fi 和蜂窝网络的位置信息传输给它的分析跟踪服务提供商。如果你是 iOS 用户并且输入了你的手机号码来寻找好友，Snapchat 就会收集到你的移动设备通讯录中所有联系人的姓名和电话号码，而不会通知你或请求你同意，尽管 iOS 会在其第一次请求时提示你是否允许。如果你想要真正的隐私，我建议你还是使用另一个应用吧。

在北卡罗来纳州，一名高中生和他的女朋友被指控持有
未成年人的私密照片，即使这些照片是他们自己的，而且拍
照和分享是两人都一致同意的。他的女朋友面临两项对未成
年人进行性侵犯的指控：一项是拍照，另一项是持有这些照
片。这意味着除了发送包含性内容的信息，北卡罗来纳州的
青少年拍摄和持有自己的私密照片也是非法的。在警方的逮
捕令中，这个女朋友既是受害者，也是罪犯。

她的男朋友则面临着五项指控，包括他给自己拍的两张
照片各两项，加上持有一张他女朋友的照片这一项。如果被
定罪，他可能会面临长达10年的监禁，并且这辈子都会作为
一个性犯罪者被登记在册。所有这些都是因为他拍摄了自己
的私密照片，以及保存了一张他女朋友发给他的私密照片。[5]

谨记退出登录

在读高中时，我喜欢一个人就会约她出去。现在，你必须将一些信
息放在网上，以便别人先了解一下你。但要当心。

如果你在使用某个约会网站并且使用了别人的计算机进行访问，或
者你竟然使用公共计算机进行访问，那始终要记得退出登录。这很重
要。你不想让别人点击浏览器上的返回按钮就能看到你的约会信息吧，
或者甚至修改你的信息。也要记得取消登录页面上写着"记住我"的勾
选框的勾选。你肯定不希望其他人使用这台或任何一台计算机自动登录
你的约会账号。

假设你和某人进行了第一次约会，也许是第二次。但人们通常不会在第一次或第二次约会时就显露出自己的真实自我。一旦你的约会对象在 Facebook 上加了你的好友或在 Twitter 等社交网络上关注了你，他就可以看到你所有的朋友、图片、兴趣爱好……情况很快就会变得难以描述。

关闭你的位置

我们已经谈过了网络服务，移动应用又如何呢？

约会应用会报告你的位置，其中一部分是故意设计的。假设你在你所在的地区看到了某个你喜欢的人，然后你就可以使用这个应用查看这个人是否在你附近。Grindr 这样的移动约会应用为其用户提供了非常精准的定位信息……也许太过精准了。

来自网络安全公司 Synack 的研究者科尔比·穆尔（Colby Moore）和帕特里克·沃德尔（Patrick Wardle）可以向 Grindr 发送虚假请求来跟踪其服务中的某些人——当这些人在单个城市中行动时才有效。他们还发现，如果用三个账号搜索同一个人，就可以使用搜索结果进行三角定位，从而得到这个人在任何给定时间的更为精准的位置测量。

也许你没使用约会应用，但即使登录 Yelp 搜索一家好餐厅也会向第三方提供有关你的性别、年龄和位置的商业信息。该应用的一项默认设置就允许其向餐厅反馈信息，比如告诉这家餐厅有一个来自纽约的 31 岁女人正在查看它的评价。但你可以进入你的设置，然后在"基本设置"中选择仅显示你的城市（不幸的是，你没法完全关闭这个功能）。[6]也许避免这种事的最好方法是不要登录，仅以访客身份使用 Yelp。

在地理位置定位方面，一般来说，应该检查一下你使用的任何移动

应用是否会广播你的位置。大多数情况下你可以关闭这项功能，可以在
每个单独应用中关闭，也可以一起关闭。[7]

　　你在同意下载任何安卓应用之前，一定要记得先阅读它的权限。你
可以在 Google Play 中查看这些权限——首先进入这个应用，然后向下滚
动到写着"权限"的 Google Play 内容部分。如果你不满意这些权限，或
者认为它们给了应用开发者太多的控制权，那就不要下载这个应用。苹
果没有在其商店中提供类似的有关应用的信息，而是在用户使用应用过
程中需要某权限时提示授权。事实上，我倾向于使用 iOS 设备，因为这
个操作系统在公开私人信息（比如我的位置数据）之前总是会发出提示。
另外，iOS 也比安卓安全得多，只要你不越狱你的 iPhone 或 iPad 就好。
当然，不差钱的对手可以在市场中购买任何操作系统的可利用的漏洞，
但可以利用的 iOS 漏洞相当昂贵——至少需要 100 万美元。[8]

The Art of Invisibility

人工智能时代，
监视无处不在

10

如果你像大多数人一样整天都带着手机，那你就没有隐身，而是处在监控之中——即使你的手机没有启用位置跟踪。比如说，你的系统是iOS 8.2 或更早的版本，苹果会在飞行模式中关闭 GPS，但如果你像大多数人一样有一个更新的版本，除非你采取了额外的步骤，否则 GPS 还是会保持开启，即使处于飞行模式中。为了知晓自己的移动运营商对自己的日常活动的了解程度，德国著名政治家马尔特·斯皮茨（Malte Spitz）向这家运营商发起了诉讼，法院命令该公司移交自己的记录。这些记录数量惊人。在短短 6 个月的时间里，这家公司就记录了 85 000 次他的位置，同时也记录了他拨打和接听的每个电话、另一方的电话号码以及每次通话的时长。换句话说，这些都是斯皮茨的手机产生的元数据。而且被记录的不只有语音通信，还有短信。

斯皮茨与其他组织合作，对这些数据进行了格式化并将其公之于众。有一个组织得出了如图 10-1 所示的每日总结。图中，早上的绿党会议是根据这家公司的手机记录中的经纬度确定的。

同样使用这些数据，另一个组织创建了一个动画地图，展示了斯皮茨在德国各地每分钟的活动情况，并且在他每次拨打电话或收到来电时都会显示一个闪动的符号，短短几天就能得到程度如此惊人的细节。[1]

图 10-1　马尔特·斯皮茨在 2009 年 10 月 12 日的活动情况

　　针对斯皮茨收集的数据不是特例，当然这种情况也不仅限于德国。这只是一个引人注目的案例，说明了你的手机运营商所保留的数据之多。而且只需一纸法令就能使用这些数据。

　　2015 年，美国联邦第四巡回上诉法院的一个案件就涉及了在美国境内使用相似的手机记录。这个案件中有两个在巴尔的摩抢劫了一家银行、一家 7-11 便利店、几家快餐餐厅和一家珠宝店的劫匪。警方让 Sprint 交出了主要嫌疑人的手机在此前 221 天的位置信息，从而将这些人与一系列犯罪联系到了一起，其中既有根据这些犯罪行为之间的接近程度判断的，也有根据这些嫌疑人与犯罪现场本身的接近程度判断的。

另一个由美国加利福尼亚北部地区地方法院听取的案件没有详细说明犯罪细节，但它也是围绕 Verizon 和 AT&T 所提供的目标的手机的"历史位置信息"展开的。美国公民自由联盟就该案发布了一份非当事人意见陈述，用他们的话说，这些数据"可以生成某个人的位置和运动的连续记录"。根据官方记录，当一位联邦法官在审理加利福尼亚州这个案件期间提到手机隐私时，该案的联邦检察官建议："担心自己隐私的手机用户可以不带手机或者关闭手机。"

这似乎违反了保护美国人不受不合理搜查的宪法《第四修正案》。大多数人永远不会认同，只携带一部手机就等同于丧失了自己不被追踪的权利——但现在，携带手机确实意味着这一点。这两个案件都表明 Verizon、AT&T 和 Sprint 没有在隐私政策中向消费者说明位置跟踪的范围有多广。AT&T 在 2011 年给国会的一封信中明确表示会将蜂窝数据存储 5 年，"以防发生计费纠纷"。[2]

会存储位置数据的不仅有运营商，还有供应商。比如你的谷歌账号就会保存你所有的安卓地理位置数据。如果你使用 iPhone，苹果也会有你的数据记录。为了防止别人在这些设备上查看这些数据，以及防止数据备份到云上，你应该定期删除你的智能手机上的位置数据。在安卓设备上，进入"谷歌设置 > 位置信息 > 删除位置记录"。在 iOS 设备上，你还需要钻研一些；苹果没有让这个设置简单一点。进入"设置 > 隐私 > 定位服务"，然后向下滚动到"系统服务"，再向下滚动到"重要地点"，然后选择"清除最近历史"。

在谷歌这个案例中，除非你已经关闭了该功能，否则网上可用的地理位置数据就可以被用于重建你的活动情况。比如说，你日常大部分时间可能都待在同一个地方，但在你见客户或吃饭的时候可能会突然离开一段时间。更让人忧心的是，如果有人获得了你的谷歌或苹果账号的权限，那个人也许就能根据你花费了大部分时间的地方确定你住在哪里或你有哪些朋友，至少能弄清楚你的日常生活惯例可能是怎样的。

反监视，利用智能应用管理自己的隐私

所以很显然，现在就算是出去散个步这样的简单行为，也充满了被别人跟踪的机会。假设知道这一点后，你故意把你的手机留在家里，这样应该就能解决被跟踪的问题了吧？嗯，这要视情况而定。

你是否戴了一个 Fitbit、Jawbone 的 UP 智能手环或 Nike+FuelBand 这样的健康跟踪设备？如果没有，也许你戴了一只来自苹果、索尼或三星的智能手表。只要你戴了其中一种或两种东西，那你仍然会被跟踪。这些设备及其对应的应用是为记录你的活动而设计的，其中往往带有 GPS 信息，所以不管这些信息是实时广播还是稍后上传的，你都可以被跟踪到。

sousveillance 这个词是由隐私倡导者史蒂夫·曼恩（Steve Mann）创造的，是 surveillance（监视）一词的反面。sur 是"之上"的意思；而 sous 是"之下"的意思。所以 sousveillance 所指的监控不是来自上面（比如被其他人或监控摄像头监控），而是来自下面，即那些我们携带的小设备，有的甚至可能佩戴在我们的身体上。

健康跟踪设备和智能手表会记录生物特征数据，比如你的心率、你走的步数甚至你的体温。苹果的应用商店里有大量可以在其手机和手表上跟踪健康状况的独立创造的应用。谷歌的 Play 商店也是一样。而且这些应用会将数据传回其公司，惊呆了吧！这些公司表面上说收集这些数据只是为了方便持有者在未来进行回顾，但它们也会分享这些数据，有时候甚至不会经过你的明确同意。

比如说，在 2015 年的环加州赛期间，这场自行车赛的参赛者可以识

别出谁超过了他们，并且之后可以通过网络直接发消息给他们。当一个陌生人开始和你谈论你在比赛中的某个特定动作时——甚至可能你自己都不记得有这个动作，就会有点吓人了。

我就遇到过一件类似的事情。那时我在从洛杉矶前往拉斯维加斯的高速公路上，一个开宝马的家伙突然变道超车。他正忙着操作自己的手机，然后突然就变换了车道，在离我几厘米的地方来了个急转弯，把我给吓坏了。他差点就终结了我们两个人的生命。

我抓起我的手机，冒充执法人员拨打了车辆管理局的电话，查了他的车牌，然后车辆管理局把他的姓名、地址和社会保障号码给了我。然后我又假装成 AirTouch 的员工给 AirTouch Cellular 打了电话，并让他们搜索了他的社会保障号码所对应的蜂窝通信账号。这样我就得到了他的手机号码。

那个司机突然变道超车后不到 5 分钟，我就拨打了他的号码，他也接听了。我当时还在颤抖，生气又愤怒。我咆哮道："嘿，你个白痴，我是 5 分钟前被你突然超车的那个人，你差点把我们两个都杀了。我可是车辆管理局的人，要是你再做一次刚才那种危险动作，我们就会吊销你的驾照！"

到现在，他肯定还不知道为什么高速公路上的某个人会有他的手机号码。我希望这个电话能够吓到他，让他变成一个更谨慎的驾驶者。但事实如何谁又知道呢。

然而，风水轮流转。我的 AT&T 移动账号也曾被某几个脚本小子通过社会工程手段入侵过一次。这些黑客假装成一家 AT&T 店的员工，给中西部的另一家 AT&T 店打了一个电话。他们说服店员重置了我的 AT&T 账号的电子邮箱地址，这样他们就可以重置我的网络密码并读取我账号的细节了，其中包含我的全部计费记录！

在环加州赛这个案例中，骑手们使用了 Strava 应用的 Flyby 功能来与其他 Strava 用户共享个人数据，这是默认开启的。在《福布斯》杂志的一篇采访报道中，Strava 的国际营销总监加雷思·内特尔顿（Gareth Nettleton）表示："Strava 本质上是一个让运动员连接到全球社区的开放平台。但是，我们非常重视运动员的隐私，而且我们已经采取了一些举措，让运动员可以简单地管理他们的隐私。"

Strava 确实提供了增强的隐私设置，让你能控制谁可以看到你的心率。你也可以创建设备隐私区域，这样别人就没法看到你住在哪里或在哪里工作了。在环加州赛上，客户可以选择退出 Flyby 功能，这样他们的活动在上传时就会被标记为"隐私"。

其他的健康跟踪设备和服务也提供了类似的隐私保护。你可能认为自己并不会骑车，而且在办公楼周围的人行道上跑步时也不会突然挡在别人前面，所以你不需要这些保护。这样想有什么害处呢？你还会做其他一些活动，一些隐私的活动，这些活动仍然会通过应用和网络分享出去，由此产生隐私问题。

就其本身而言，记录睡眠或爬了几层楼梯等行动可能并不会损害你的隐私，尤其是这些行动有特定的医疗保健目的，比如降低你的健康保险费。但是，当这些数据与其他数据结合在一起时，就能产生关于你的全面图景。而且这种情况所能暴露的信息量可能会超出你能接受的范围。

有一位戴了健康跟踪设备的用户在回顾自己的在线数据时发现，他在发生性行为时心率会有明显的增强。[3] 事实上，Fitbit 这家公司在其在线录入的活动列表中就会简要地报告性行为。尽管这些数据是匿名的，但终究还是可以通过谷歌搜索到；直到这件事被披露出来后，该公司才很快地将这些数据从谷歌搜索结果中移除。

有些人可能会想："那又怎样？"确实，没什么大不了的。但当心率数据和地理位置等数据结合起来时，就可能会有危险了。*Fusion* 记者卡什米尔·希尔（Kashmir Hill）将 Fitbit 数据用到了伦理上的极限，她想：
"如果保险公司将你的活动数据与 GPS 位置信息结合起来，从而不仅能
确定你在什么时候性爱，还能确定你在什么地方性爱，那会怎样呢？健
康保险公司能够识别出每周在多个位置都有性爱的客户，然后根据他所
谓的滥交行为认定这个人有更高的医疗风险吗？"

　　另一方面，Fitbit 数据已经成功地在法庭案件中被用于证明之前无法
验证的声明。在一个极端的案例中，一个女人说自己被强奸了，但 Fitbit
数据表明这是个谎言。[4]

　　对警方而言，这个当时正在宾夕法尼亚州兰开斯特出差的女人说她
大概在午夜醒来，发现一个陌生人在她身上。她还声称她在挣扎逃脱的
过程中丢掉了自己的 Fitbit。当警察找到这个 Fitbit 后，女人同意让他们
读取其中的数据，而这个设备却反映了不同的情况。显然这个女人一直
醒着，而且整晚都在到处走动。据当地一家电视台报道，这个女人"因
为向执法部门提交虚假报告、虚假公共安全报警和损坏证据而遭到起
诉——据称她掀翻了家具并且在现场放了一把刀，以便让现场看起来像
是她被某个入侵者强奸了一样"。

　　另一方面，活动跟踪器也可被用于支持残疾索赔。加拿大一家法律
公司使用活动跟踪器数据证明了一位客户的工伤所导致的严重后果。这
位客户将自己的 Fitbit 数据提供给了数据公司 Vivametrica，该公司将从
可穿戴设备中收集到的数据与一般人群的活动和健康数据进行比较，结
果表明该客户的活动水平明显下降。卡尔加里市的 McLeod Law 有限责
任公司的西蒙·穆勒（Simon Muller）对《福布斯》杂志说："到目前为止，
我们一直不得不依赖临床上的解读。现在我们将查看贯穿每一天的更长
时间期限，而且我们会有实实在在的数据。"

　　即使你没有健康跟踪器，智能手表（比如三星的 Galaxy Gear）也能
以相似的方式危害你的隐私。如果你能在你的手腕上接受速览通知（比

如短信、电子邮件和电话），那么其他人也有可能看到这些消息。

GoPro 是一种可以固定在你的头盔或汽车仪表盘上的小型相机，可用于记录你运动过程的视频，近来 GoPro 的使用已经出现了极大的增长。但如果你忘记了登录 GoPro 移动应用的密码，会发生什么呢？以色列的一位研究者借用了他朋友的 GoPro 以及关联的移动应用，但他没有密码。就像电子邮箱一样，GoPro 应用允许你重置密码。但是，其流程存在漏洞——自那以后已经改正了。在重置密码的过程中，GoPro 会向你的电子邮箱发送一个链接，但实际上这个链接指向的是一个 ZIP 文件；你需要将其下载下来并放入该设备的 SD 卡中。该研究者打开了这个 ZIP 文件，发现了一个名为 "settings" 的文本文件，里面有该用户的无线凭证，包括该 GoPro 用于接入互联网的 SSID 和密码。该研究者发现，如果他将链接中的数字（8605145）改成另一个数（比如 8604144），他就可以取得其他人的 GoPro 配置数据，其中包含他们的无线密码。

个人无人机，增强型的偷窥设备

你可以认为是伊士曼柯达公司（Eastman Kodak）在 19 世纪第一个十年末期在美国引发了对隐私的讨论——或者至少让人们开始对这种讨论感兴趣了。那时候，照相术还是一种严肃的、耗时的、不方便的艺术，需要专门的设备（相机、光源、暗室），还需要长时间保持不动（在工作室中保持一个姿势）。然后柯达出现了，推出了一款便携且相当实惠的照相机。这类产品的第一款售价 25 美元——大约相当于现在的 100 美元。柯达随后又推出了布朗尼（Brownie）照相机，售价仅为 1 美元。这两款相机都是为家庭和办公室外的拍照设计的。它们就是那个时代的移动电脑和手机。

　　忽然之间人们不得不面对一个事实：海滩上或公园里有人可能有一台照相机，而且实际上这个人也可能将你纳入某张照片的画框中。你可得仔细瞧好了。你必须负责任地行动。"这不仅改变了你对照相术的态度，也改变了你对自己被拍摄这件事本身的看法。"国际摄影中心前首席策展人布莱恩·沃利斯（Brian Wallis）说，"所以你不得不在晚餐上表演，在生日聚会上表演。"

　　我相信被人看着时，我们的行为确实会有所不同。当我们知道有一台相机正对着我们时，大部分人都会采取最好的行为，当然，毫不在意的人也总是会有的。

　　照相术的出现也影响了人们对自己隐私的看法。忽然之间，人们的不当行为可能就有视觉记录了。实际上，现在我们的执法人员都带有车载摄像头和随身摄像头，这样就能记录下人们面对法律时的行为了。而且现在还有人脸识别技术，你可以拍摄某人的一张照片，然后将其与他的 Facebook 档案匹配。我们现在还有自拍。

　　但 1888 年的时候，这种不间断的曝光还是一种让人震惊和不安的新奇事物。《哈特福德新闻报》（Hartford Courant）敲响了警钟："稳重的市民不能以任何狂欢的方式放纵自己，因为有当场被抓并让自己的照片被在主日学校上学的孩子看到的风险。而想要与自己心爱的女孩做些亲密动作的年轻人，在进行过程中也必须一直用伞挡住自己。"

　　一些人并不喜欢这样的改变。19 世纪 80 年代，美国有一群妇女在火车上砸了一台照相机，因为她们不想让这台照相机的主人拍摄她们的照片。英国也有一群男孩聚集在海滩上巡逻，威胁任何试图拍摄刚游完泳从海里出来的妇女的人。

　　塞缪尔·沃伦（Samuel Warren）和路易斯·布兰代斯（Louis Brandeis）（后者之后曾在美国最高法院任职）在 19 世纪 90 年代的一篇文章写道："快速照相和报纸企业已经侵入例如隐私和家庭生活的神圣地带。"他们提议美国法律应当正式认定隐私，部分原因是为了遏制偷窥摄影的潮流，为任何侵扰行为追责。有几个州通过了这样的法律。

现在的几代人都伴随着快速照相的威胁而成长起来——宝丽来，有没有？但现在我们仍不得不面对无处不在的摄影。不管你去哪里，不管你允不允许，你都会被拍下视频。而且世界上任何地方的任何人都有可能读取这些影像。

在隐私方面，矛盾一直伴随着我们。一方面，我们非常珍视隐私，将其视为我们的权利，并且认为它与我们的自由和独立息息相关：在财产方面以及关着的门后所做的任何事情不都应该保持隐私吗？另一方面，我们对一些事情有着强烈的好奇。我们现在有办法满足这样的好奇心了，这些方法是之前无法想象的。

你曾经好奇过街对面围栏里你邻居家的后院是什么样子吗？技术也许能帮助几乎任何人找到这个问题的答案。如今，3D Robotics 和 CyPhy 这样的无人机公司让任何普通人都能轻松拥有自己的无人机，比如我就有一架大疆 Phantom 4 无人机。无人机是远程控制的飞行器，而且比你过去在 RadioShack 买的那种飞行器要复杂精细得多。几乎所有无人机都带有小型的视频摄像机。它们能为你提供一种观看世界的新方式。某些无人机也可以通过你的手机来控制。

个人无人机是增强型的摄影设备。如果你可以悬浮在地面上空数百米的地方，那么几乎没什么能逃出你的眼睛了。

目前保险行业已经将无人机用于商业目的。想一想，如果你是一位保险理算员，需要了解你打算承保的一处房地产的状况，那你就可以让一架无人机绕着它飞，这样既可以在有权进入之前通过眼睛检查，也可以创造一个永久性记录以备以后查找。你可以让它飞得很高，然后向下看，从而获得之前只能通过直升机得到的那种画面。

个人无人机现在也是监视我们的邻居的选择之一；我们只需要"飞"

到别人楼顶上向下看就行了。也许这位邻居有一个游泳池。也许这位邻居喜欢裸泳。情况已经变得很复杂了：我们对自己的家庭和财产有隐私预期，现在却受到了挑战。比如，谷歌会在谷歌街景和谷歌地球中掩盖人脸和车牌号等个人信息，但使用私人无人机的邻居可不会给你任何保证——尽管你可以尝试友好地要求他不要在你的后院上飞。配置有视频摄录功能的无人机帮你将谷歌地球和谷歌街景结合到了一起。

现在已经有一些相关法规了。比如，联邦航空管理局规定无人机不能离开操作者的视线，不能在距机场一定距离的范围内飞行，不能超过特定的飞行高度。[5] 有一个名叫 B4UFLY 的应用可以帮你确定哪里可以飞你的无人机。[6] 另外，为了应对无人机的商业应用，几个州已经通过了限制或严格限制使用无人机的法律。在得克萨斯州，普通公民不能使用无人机，尽管也有例外——包括一项针对房地产经纪人的例外。科罗拉多州对无人机的态度可能是最自由的，这里的居民可以合法地射击天上的无人机。

美国政府至少应该要求无人机爱好者注册他们的玩具。在我居住的洛杉矶，某个人用一架无人机撞击了西好莱坞的电线，就在靠近拉拉比街和日落大道交会处的地方。如果这架无人机注册了，当局也许就能知道是谁给 700 多人造成了断电数小时的不便，又让数十名电力公司员工不得不在夜里工作以恢复该地区的供电。

你的隐私无处可逃

零售商店越来越想了解它们的客户。某种手机 IMSI 捕获器（IMSI catcher）实际上就是一种真正有效的方法。当你走进一家商店时，该 IMSI 捕获器就能获取你的手机的信息，并通过某种方式得到你的手机号码。根据这个信息，系统就能查询大量数据库，从而建立起一个你的资料档案。实体零售店还在使用人脸识别技术。你可以将其看作是一种超大型的沃尔玛迎宾员。

在不久的将来，"你好，凯文"或许就将成为我从店员那里得到的标准问候，即使我之前可能从没去过那家店。你的零售体验个性化也是另一种形式的监控，尽管非常微妙。我们再也不能匿名购物了。

2015年6月，美国国会通过了《自由法案》，这是《爱国者法案》的一个修订版，增加了一些隐私保护条款。在该法案通过仅仅2周之后，9个消费者隐私团体（其中一些为了支持《自由法案》而进行了大量游说）就对几家大型零售商表达了失望，并退出了关于限制使用人脸识别的协商谈判。

他们协商谈判的问题是：在消费者可被扫描之前，是否应该默认消费者必定给出了许可。这听起来很合理，但参与这一协商谈判的主要零售组织中没有一家愿意在这一点上让步。据它们称，如果你走进了它们的店里，那么扫描和识别你就是合理的。

有些人在走进店里时希望得到那样的个人关注，但很多人都只会觉得这让人不安。这些商店对此有不同的看法。它们不想给消费者退出的权利，因为它们想抓住已知的商店窃贼，如果可以选择，消费者就能直接退出了。如果自动人脸识别得到了应用，已知的商店窃贼在进入商店那一刻就会被识别出来。

消费者怎么看？至少英国有70%的受访者认为，在商店中使用人脸识别技术"太可怕了"。包括伊利诺伊州在内的美国一些州已经自己动手监管生物特征数据的收集和存储了。现在已经出现了基于这些法规的诉讼。比如，芝加哥一名男子起诉了Facebook，因为他没有明确许可该网络服务可使用人脸识别技术识别其他人的照片中的他。

人脸识别可以仅根据一个人的图像就识别出他的身份。但如果你已经知道这个人是谁，而只想确定其是否在应该在的位置，又该如何呢？这是人脸识别的另一个潜在用途。

摩西·格林斯潘（Moshe Greenshpan）是人脸识别公司 Face-Six 的 CEO，该公司在以色列和美国拉斯维加斯都有办公室。该公司的软件 Churchix 有教堂点名等功能。其想法是帮助教堂识别不常来教堂做礼拜的教友，以便鼓励他们更常来；也要识别经常来教堂做礼拜的教友，以便鼓励他们向教堂捐更多钱。

Face-Six 说全世界至少有 30 家教堂正在使用该公司的技术。所有教堂只需上传教友的高质量照片即可。然后该系统就会在各种服务和公共集会上寻找他们。

当被问及这些教堂是否会告诉它们的教友他们正在被跟踪时，格林斯潘告诉 *Fusion*："我认为教堂没有告诉人们。我们鼓励它们这样做，但我认为它们不会这样做。"[7]

哈佛法学院伯克曼互联网与社会研究中心主任乔纳森·齐特林（Jonathan Zittrain）曾开玩笑说人类需要一个"不要跟踪"标签，就像一些特定的网站所使用的标签那样。这能让想要退出的人不会出现在人脸识别数据库中。为了实现这一目标，日本国立情报学研究所创造了一种商用的"隐私护镜"（privacy visor）。这种售价约 240 美元的眼镜可以发出仅对摄像机可见的光。这些可被摄像机感知的光在眼睛周围射出，可以阻碍人脸识别系统。据早期测试者说，这种眼镜 90% 的时间都能成功。唯一的使用警告似乎是不适合在驾驶或骑车时使用。它们或许不够时尚，但它们能帮你在公共场所完美地行使隐私权。

现在你知道在外面时你的隐私可能会受到侵害，你可能感觉在你的车里、家里甚至办公室里会有更安全的隐私。很不幸，事实并非如此。我将在接下来几章中解释原因。

The Art of Invisibility

智能联网汽车， 随时锁定你的位置	11

　　研究者查理·米勒（Charlie Miller）和克里斯·瓦拉塞克（Chris Valasek）是入侵汽车的老手了。之前两人就入侵过一辆丰田普锐斯——但他们是坐在汽车后座上，通过与汽车的实体连接完成的。然后到了2015年夏季，米勒和瓦拉塞克又成功接管了一辆吉普自由光的主要控制权，而当时这辆车正在圣路易斯市的高速公路上，以110公里每小时的速度行驶。他们可以在不靠近车辆的任何地方远程控制一辆车。[1]

　　这里提到的这辆吉普确实有一位司机——《连线》杂志的记者安迪·格林伯格（Andy Greenberg）。研究者事先告诉过格林伯格：不管发生什么，不要惊慌。事实证明，即使对知道自己的车将被入侵的人来说，这个要求也还是太高了。

　　格林伯格写下了这段经历："我的油门突然就停止工作了。我疯狂地踩踏板，看着转速上升，但这辆吉普还是减去了一半的速度，然后就变成了爬行。事情发生的时候我已经进入了一座高架桥，两边没有路肩可以逃跑。这个实验已经不再有趣了。"

　　这两位研究者之后遭受了一些批评，说他们"鲁莽"和"危险"。格林伯格的吉普当时正在公共道路上行驶，而不是在测试道路上，所以密苏里州的执法部门在本书写作时仍然在考虑起诉米勒和瓦拉塞克——也可能还会起诉格林伯格。

　　远程入侵联网的汽车已经被谈论了很多年，但米勒和瓦拉塞克的实验才真正让汽车行业对此重视起来。不管这是"炫技的黑客入侵"还是合规的研究，它都让汽车制造商开始认真思考网络安全了——以及思考国会是否应该禁止入侵汽车。[2]

　　其他研究者已经表明，他们可以通过拦截并分析汽车的车载计算机和汽车制造商系统的 GSM 或 CDMA 流量，来对控制汽车的协议进行反向工程。这些研究者可以通过发送短信息来欺骗汽车控制系统，从而锁定和解锁车门。有人甚至还能使用同样的方法劫持远程启动功能。但米勒和瓦拉塞克首次通过远程的方式完全控制了一辆汽车，而且他们宣称也能使用同样的方法接管位于其他州的汽车。

　　也许米勒和瓦拉塞克的实验最重要的结果是，克莱斯勒因为一个编程问题召回了超过 140 万辆汽车——这是第一次由于此种原因的召回。在过渡期间，克莱斯勒还暂时中断了受影响的汽车与 Sprint 网络的连接，这是这些汽车原本用于车载通信（汽车收集的并与制造商实时共享的数据）的网络。米勒和瓦拉塞克在 DEF CON 23 上告诉一位观众，他们早就意识到可以接管位于其他州的汽车，但他们知道这是不道德的。作为替代，他们在米勒的家乡与格林伯格一起进行了他们的控制实验。

　　在这一章中，我将讨论我们驾驶的汽车、搭乘的列车和用于支持日常通勤的移动应用在很多方面都很容易遭到网络攻击，更不要说我们的联网汽车在生活中给隐私造成的诸多侵害了。

上帝视角，被跟踪的行程

　　当 *BuzzFeed* 的记者约翰娜·布伊扬（Johana Bhuiyan）搭乘优步的

车到达这个叫车服务公司的纽约办公室时，该公司的总经理乔希·莫勒尔（Josh Mohrer）已经在等着她了。"你来了，"他拿着他的 iPhone 说道，"我在监视你。"对他们的采访来说，这是一个不祥的开始，毕竟这次采访涉及的内容就包含消费者隐私。

布伊扬的故事在 2014 年 11 月被公布，在此之前，优步公司之外很少有人知道存在上帝视角（God View）；这是优步用于跟踪其成千上万名合约司机及他们的客户的位置的工具，而且全部都是实时的。

正如我前面提到的那样，应用通常会向用户请求各种权限，包括读取他们的地理位置数据的权限。优步甚至还更进一步：它要求读取你的大概位置（Wi-Fi）和精确位置（GPS）、你的通讯录访问权，而且还不允许你的移动设备休眠（这样它就能不断标记你的位置）。

据说布伊扬当面就对莫勒尔说了她没有允许该公司在任何时间和任何地点跟踪她。但她确实允许了，尽管可能并没有明确允许。她在将该服务下载到自己的移动设备时，在用户协议中同意了该许可。那次会面之后，莫勒尔通过电子邮件向布伊扬发送了一些她近期优步行程的日志。

优步会为每位用户编写一个个人档案，其中记录了他的每一个行程。如果这个数据库不安全，可就糟糕了。在安全业务中，优步的这种数据库被称为蜜罐（honeypot），会引来各种各样的窥探，从美国政府到外国黑客。[3]

2015 年，优步对其隐私政策进行了一些修改——在某些情况下对消费者有害。优步现在会收集所有在美国的用户的地理位置数据——即使该应用仅在后台运行，即使卫星和蜂窝通信都关闭了，也照样会收集。优步说自己会使用 Wi-Fi 和 IP 地址"离线地"跟踪用户。这意味着它会在你的移动设备上进行无声的间谍活动。但是，该公司并未说明为什么需要这种功能。[4]

优步也没有完全解释它为什么需要上帝视角。一方面，据该公司的隐私政策称："优步有严格的政策，禁止所有层级的员工访问乘客或司机的数据。本政策的唯一例外是数量有限的一些合规的业务。"合规的业务可能包括监控涉嫌欺诈的账号和解决司机的问题（比如，丢失连接）。其中可能并没有包含跟踪记者的行程。

你可能认为优步会让其用户有权删除跟踪信息。事实并非如此。而且如果你在阅读完这些内容后从你的手机上删除了该应用，好吧，猜猜会怎么样？这些数据仍然还保存在优步内部。[5]

根据修订后的隐私政策，优步还会收集你的通讯录信息。如果你使用 iPhone，你可以进入设置修改你的联系人共享偏好。如果你使用的是安卓设备，就没得选了。

优步的代表声称该公司目前并未收集这种消费者数据。但是，由于现有用户已经同意了优步的隐私政策且新用户也必须同意，所以通过将数据收集纳入隐私政策中，该公司确保了它在任何时候都可以推出这些功能。而用户不会得到任何补偿。

优步的上帝视角也许足以让你怀念起常规的老式出租车。过去的时候，你会钻进一辆出租车，说出你的目的地，到达之后用现金为这段旅程付费。换句话说，你的行程几乎是完全匿名的。

随着 21 世纪初信用卡普遍被接受的情况出现，大量日常交易都已经变得可被追溯了，所以也许某个地方就有你搭乘出租车的记录——也许并不存在于某个特定司机或公司那里，但肯定在你的信用卡公司手中。我曾在 20 世纪 90 年代当过私人调查员，那时我就可以通过获取目标的信用卡交易而搞清楚他们的活动情况。只需要看一看结算单，就能知道上周你在纽约市搭乘过一辆出租车并且为该行程支付了 54 美元。

出租车在大约 2010 年前后开始使用 GPS 数据。现在的出租车公司也会知道你的上车和下车位置、你的车费金额，而且也许还能知道与你的行程相关的信用卡号码。纽约、旧金山和其他支持政府开放数据运动的城市会将这些保密，并向研究人员提供丰富且匿名的数据集。只要里面不包含名字，公开这些匿名的数据又会有什么损害呢？

2013 年，美国西北大学当时的一位研究生安东尼·托卡尔（Anthony Tockar）正在一家名叫 Neustar 的公司实习，他研究了纽约市出租车和轿车委员会公开发布的匿名元数据。这个数据集包含其出租车车队中每辆车在上一年中的每个行程记录，其中包括出租车编号、乘客上下车的时间和位置、车费和小费金额，以及这些出租车的许可证和牌照号码的匿名（经过哈希化①）版本。这个数据集本身并不会很让人感兴趣。不幸的是，解算这个案例中的哈希值是相当容易的。

但是，当你将这个公开数据集与其他数据集结合起来时，你就会开始全面了解实际发生的情况。在这个案例中，托卡尔可以确定上一年中布莱德利·库珀（Bradley Cooper）和杰西卡·阿尔芭（Jessica Alba）等特定名人在纽约市的什么地方搭乘过出租车。他是如何实现这一飞跃的？

他已经有地理位置数据了，所以他知道这些出租车是在什么地方和什么时候让它们的乘客上下车的，但他必须更进一步确定在某辆出租车中的人是谁。所以他将纽约市出租车和轿车委员会的元数据与普通小报网站的网络照片结合到了一起。这是一个狗仔队的数据库。

想一想，狗仔队常常会在名人坐进或走出出租车时拍摄照片。在这些案例中，我们往往可以在图像中看到出租车独有的牌照号码。就印在每辆出租车的侧面上。所以，比如说与布莱德利·库珀一起被拍下的出租车号码可以用于匹配那个公开提供的数据集，从而得到上下车位置以

① 哈希化（hash），即使用哈希函数将数据打乱混合，创建出表示数据的哈希值（hash value）。哈希值看起来就像是由随机字母和数字组成的字符串。哈希函数在计算机领域有广泛的应用，包括加速数据库查找、加密、信息真实性验证等。——译者注

及车费和小费金额。

　　幸运的是，并不是我们所有人都有狗仔队跟着。但这并不意味着没有其他用于跟踪我们行程的方式。也许你并不乘坐出租车，那么还有其他可以确定你的位置的方式吗？有。即使你搭乘公共交通工具也一样。

准确率高达 92%，匿名搭乘时代终结

　　如果你乘坐公交车、火车或渡船上班，那你就再也没法隐身于芸芸众生之中了。交通运输系统正在实验使用移动应用和近场通信（near field communication，简称 NFC）来标记上下公共交通工具的乘客。NFC 是一种短距离的无线电信号，往往需要实体接触。Apple Pay、Android Pay 和 Samsung Pay 全都使用 NFC，让寻找零钱成了历史。

　　假设你有一部启用了 NFC 的手机，并且也安装了当地运输管理机构的应用。这个应用需要连接到你的银行账号或信用卡，这样你就总是可以搭乘任何公交车、火车或渡船了，而不用担心账号余额变成负数。这种与你的信用卡号码之间的连接如果没有使用令牌或占位符数字掩盖，就可能会向该运输管理机构揭示你的身份。使用令牌替代你的信用卡号码是苹果、安卓和三星提供的一个新选择。这样商家（在这个案例中即为运输管理机构）就只能拿到一个令牌，而无法得到你的真实信用卡号码。在不久的将来，使用令牌将能减少数据泄露对信用卡的影响，因为犯罪分子将会需要两个数据库：令牌以及令牌背后的真实信用卡号码。

　　但假设你没使用启用了 NFC 的手机，而用的是交通卡，比如波士顿的 CharlieCard 卡、华盛顿特区的 SmarTrip 卡和旧金山的 Clipper 卡。这

些卡都使用了令牌来提醒接收设备（不管是旋杆门还是检票箱）你的余额是否足够搭乘该公交车、火车或渡船。但是，交通运输系统并没在后端使用令牌。交通卡本身在其磁条上只有一个账号号码——不是你的信用卡信息。如果该运输管理机构的后端遭遇数据泄露，你的信用卡或银行信息就可能会暴露。另外，有的交通运输系统需要你在网上注册它们的卡，这样它们就可以向你发送电子邮件，也就意味着你的电子邮箱地址可能会在未来的黑客攻击中泄露。不论哪种方式，匿名乘坐公交车的时代在很大程度上已经一去不复返了，除非你购买交通卡时用的是现金，而非信用卡。[6]

对执法机构而言，这样的发展大有裨益。因为这些交通卡公司是第三方私有的，而不归政府所有，所以它们可以设定任何它们想要的数据共享规则，不仅能将其分享给执法部门，还能分享给处理民事案件的律师——如果你的前任想骚扰你。

所以某个正在查看运输管理机构日志的人可能知道某个人在某个时间经过了某个地铁站，但他可能不知道他的目标上了哪辆列车，尤其当这个车站是几条线的中转站时。要是你的移动设备可以解决这个问题，能让人知道你之后搭乘了哪辆列车并借此推断你的目的地呢？

中国南京大学的研究者决定回答这个问题，他们的研究重点是我们的手机里被称为加速度计的东西。每个移动设备里面都有一个。这是一种用于确定你的设备的方向的微型芯片——看你是水平还是竖直地拿着你的设备。这些芯片非常敏感，以至于这些研究者决定在他们的计算中仅使用加速度计数据。计算结果足够确定，表明他们可以准确预测用户正在搭乘的地铁列车。这是因为大多数地铁线都有转弯，这些转弯会对加速度计产生影响。另外，站与站之间的行驶时长也很重要——你只需要看看地图就知道原因了。他们的预测的准确度会随乘客经过的车站数量的增加而提升。这些研究者声称，他们的方法具有 92% 的准确率。

自动车牌识别，新技术正在侵蚀你的匿名性

假设你有一辆旧型号的汽车并且自己开车上班。你可能就认为你是隐身的了——只是每天在路上的 100 万辆车中的一辆。你可能是对的。但新技术正在侵蚀你的匿名性，即使这些技术并不在汽车本身之中。很可能只要某个人花点功夫，就依然能相当快地识别出高速公路上呼啸而过的你。

在旧金山，市交通局已经开始使用 FasTrak 收费系统来跟踪使用了 FasTrak 的汽车在城市里面的活动情况了，该系统能让你轻松通过 8 座湾区大桥中的任意一座。使用类似收费桥梁用于读取你汽车中的 FasTrak（或 E-ZPass）设备的技术，该市开始在用户到处寻找停车位置时搜索这些设备。但官员们感兴趣的并不总是你的活动，而是停车位——大多数停车位都配备了电子停车收费器。停车多的车位可能收取更高的费用。该市可以通过无线方式调节特定收费器的价格——包括临近热门活动的收费器。

此外，在 2014 年，官员们决定金门大桥不再使用人工收费员了，所以每个人（甚至游客）都需要以电子方式进行支付或以邮件的形式接收账单。管理者如何知道该向哪里寄送你的账单呢？他们会在你通过收费站时拍摄你的车牌。常出问题的交叉路口也会使用这种车牌照相来抓闯红灯的车。而且警方也在越来越多地使用相似的策略巡逻停车场和住宅车道。

警方每天都会使用自动车牌识别技术即 ALPR 来被动跟踪车辆的活动，可以拍摄你的汽车车牌并将数据存储起来。根据警方的政策，有时候数据会保存数年时间。ALPR 相机会扫描和读取经过它们眼前的每个车牌，不管这辆车是否与犯罪有关联。

表面上 ALPR 技术主要用于定位被盗的汽车、寻找通缉犯和协助安

珀警报[①]。这项技术要用到固定在巡逻车顶上的三台相机，这些相机连接到车内的一个计算机屏幕上。该系统还会进一步连接到一个司法部数据库，其中包含了被盗车辆以及与犯罪相关的车辆的车牌记录。在警官的行驶过程中，ALPR 技术每秒可扫描多达 60 张车牌。如果某张扫描到的车牌与司法部数据库中的某个车牌号匹配，那么该警官就会收到一个警报，而且既有图像又有声音。

《华尔街日报》在 2012 年首次报道了车牌识别技术。反对或质疑 ALPR 技术的人关注的问题并不是该系统本身，而是这些数据会被保存多长时间以及为什么有的执法机构不会发布它，甚至不会告诉正被追踪的汽车的主人。这是一种让人不安的工具，警察可以用它来确定你去过的地方。

负责美国公民自由联盟的语音、隐私和技术项目的本内特·斯泰因（Bennett Stein）指出："自动车牌读取器是一种精妙的跟踪司机位置的方式，而且随着时间的推移、数据的累积，它们就能得到人们生活的详细图景。"

加利福尼亚州一名男子曾经发起了一项公共记录请求，他的车牌被拍摄的照片数量（超过 100 张）让他感到不安。其中大多数照片都是在大桥上或其他非常公共的地方拍摄的。但是有一张照片上可以看到他和他的女儿正从他们家的汽车里出来，当时这辆车停在自家的车道上。请注意，这个人并不是某项犯罪的嫌疑人。美国公民自由联盟获得的档案表明，甚至 FBI 的总法律顾问办公室也曾质疑过在缺乏明确的政策的情况下使用 ALPR 的问题。

---

① 安珀警报（AMBER Alert）是美国和加拿大在确认发生了儿童绑架案件后通过各种媒体向社会大众传播的一种警报，内容通常包含对被绑架者、绑匪的描述，还包含对绑匪车辆及车牌号码的描述。——译者注

不过，要查看一些 ALPR 数据，并不是必须发起公共记录请求才行。据电子前线基金会称，任何人都可以在网上获取来自超过 100 台 ALPR 相机的图像，只要一个浏览器就足够了。电子前线基金会在公开自己的发现之前已经与执法部门合作纠正了这个数据泄露问题。电子前线基金会说不只是这 100 多个案例有这种错误配置，并敦促全国各地的执法部门撤下或限制发布在互联网上的内容。但在本书写作时，如果你在搜索窗口输入正确的查询，仍然有可能得到许多社区的车牌照片访问权限。一位研究者在一周内就发现了超过 64 000 张车牌照片和它们对应的位置数据点。[7]

内置 GPS& 无线连接，租用汽车的两大安全陷阱

也许你自己没有车，只是偶尔租一辆。因为你在租车时必须提供所有个人信息和信用卡信息，所以你还是没有隐身。此外，现在大多数租用的汽车都内置了 GPS。我知道。我发现这一点的过程很艰辛。

当你的汽车在维修时，你会从经销商那里得到一辆租用的车，你通常会同意不将其开出州界。经销商希望这辆车保持在它被借用的那个州内行驶。这个规则主要关乎他们的保险，而不是你的。

我就遇到过这种事。我将我的车带到了拉斯维加斯一家雷克萨斯经销商那里进行维修，他们让我使用一辆租用车。那时已经过了这家经销商结束营业的时间，我读也没读就签了那些文件，主要是因为当时服务助理一直在催促我。之后，为了一个顾问工作，我开着那辆车去了加利福尼亚州北部的湾区。这时候那个服务助理就给我打电话了，他问："你在哪里？"我说："加利福尼亚的圣拉蒙。"他说："是啊，我们看到了。"然后他针对将车带出州界一事对我发出了严厉的警告。显然我快速签下的那个租车协议规定我不能将这辆车带出内华达州。

　　现今当你租用或借用汽车时，你可能很想将你的无线设备与车载娱乐系统配对，以便重新创造你在家里的那种音频体验。当然这会产生一些直接的隐私问题，因为这不是你的车。所以当你将汽车归还给租赁商时，你的车载信息娱乐数据又会怎样呢？

　　在你将你的设备与不属于你的汽车配对之前，先研究看看它的娱乐系统。也许点击手机设置就能看到之前用户的设备和（或）名字列在蓝牙列表中。想一想你是不是也想加入那个列表。

　　也就是说，当你离开这辆车时，你的数据并不会就此消失。你必须自己删除这些数据。

　　你可能会想："将我最喜欢的乐曲分享给其他人能有什么危害呢？"问题是你分享出去的不只有你的音乐。当大多数手机设备连接到车载信息娱乐系统时，它们也会自动将你的联系人链接到该车的系统。厂商假设你可能需要在驾驶时拨打免提电话，所以将你的联系人存储在汽车中会让其简单得多。问题是这不是你的车。

　　Covisint 公司的首席安全官戴维·米勒（David Miller）说："当我租车时，最不会去做的就是配对我的手机。它会下载我的所有联系人，因为这就是它想做的事。在大多数租用的汽车里，如果之前有人配对过，那么你进入系统就能看到他们的联系人。"

　　当你最后卖掉你的汽车时，情况也是如此。今天的汽车让你在路上时也能访问你的数字世界。想要查看 Twitter 吗？想要在 Facebook 上发帖吗？今天的汽车与你的传统个人电脑和手机有一个越来越相似的地方：它们包含了个人数据，你应该在出售这些机器或设备之前删除这些数据。

　　在安全领域工作会让你养成三思而后行的习惯，即使那只是普通的交易。米勒说："这段时间里，我的汽车与我的全部生活一直都连接在一起，然后在第五年我卖掉了它——我该怎样断开它与我的全部生活的连接呢？我不想让买这辆车的人看到我的 Facebook 好友，所以必须撤销服务。比起提供服务，安全领域的人对撤销服务方面的安全漏洞要感兴趣得多。"

而且正如你在你的移动设备上做的那样，你也需要用密码保护你的汽车。只是在本书写作时，还没有什么可用的机制能让你用密码锁定你的信息娱乐系统。而且要删除你在汽车中设置了多年的账号也不容易——不同的制造商、产品和型号的方法各有不同。也许这种情况会改变，某人可能会发明一种一键删除你的汽车上整个用户档案的方法。但在那之前，在卖掉汽车之后至少要上网修改一下你的社交媒体密码。

特斯拉，带轮子的计算机

特斯拉也许是"带轮子的计算机"的最佳范例了，这是当前最先进的全电动汽车。2015 年 6 月，特斯拉完成了一件有里程碑意义的事：特斯拉汽车的全球总行驶里程超过了 16 亿公里。

我就开了一辆特斯拉。那是很棒的车，但由于它们有复杂的仪表盘和持续不断的蜂窝通信，所以也引出了一些在数据收集方面的问题。

当你拥有一辆特斯拉时，你会收到一份同意书。你可以选择是否让特斯拉公司通过无线通信系统记录关于你的汽车的任何信息。你可以通过仪表盘上的触控屏开启或禁止与特斯拉公司共享你的个人数据。有观点认为用户数据可以帮助特斯拉在未来打造更好的汽车，而且很多人都接受这个看法。

根据特斯拉的隐私政策，该公司可能会收集车辆识别号码、速度信息、里程表读数、电池使用信息、电池充电历史、关于电气系统功能的信息、软件版本信息、信息娱乐系统数据和安全相关数据（包括车辆的

SRS 系统、制动器、安全和电子制动系统的相关信息）等信息，以协助分析车辆的性能。特斯拉表示，它们可能会面对面（比如在预约服务期间）或通过远程访问的方式收集这些信息。

它们打印出的政策中就是这么说的。

实际上，它们还能随时确定你的汽车的位置和状态。特斯拉一直都没怎么向媒体说过会实时地收集什么数据以及如何使用这些数据。特斯拉就像优步一样，坐在上帝的位置上，知道关于每辆车的一切以及它们在任何时候的位置。

如果这让你感到不安，你可以联系特斯拉公司并选择退出其远程信息服务项目。但是如果这么做了，你就会错过包含安全修复和新功能的自动软件更新。

安全领域自然对特斯拉兴趣浓厚，而且独立安全研究者尼塔什·汉贾尼（Nitesh Dhanjani）已经找到了一些问题。尽管他和我一样，都同意特斯拉 Model S 是一款很棒的汽车和出色的创新产品，但汉贾尼发现特斯拉使用了一种相对弱的单因素认证系统来远程访问该车的系统。特斯拉的网站和应用都没有限制尝试登录用户账号的次数，这意味着攻击者也许可以暴力破解用户的密码，也就意味着第三方也可以（假设你的密码已被破解）登录并使用特斯拉 API 来查看你的车的位置。攻击者还可以远程登录到特斯拉应用并控制该车的系统——空调、灯光等，尽管该车必须保持不动。

在本书写作时，汉贾尼的大部分担忧都已经被特斯拉解决，但这个情况只是一个示例，说明了为了保护汽车的安全，当今的汽车制造商需要做的事情多了很多。仅仅提供一个用于远程启动和检查汽车状态的应用还不够好，必须得保证安全。最新的更新是一个名叫 Summon 的功能，让你可以告诉车子自己开出车库或在狭窄的位置停车。Summon 未来还能让车子到全国的任何地方去接你，有点像《霹雳游侠》这个老电视节目。

特斯拉在否认《纽约时报》的一篇负面报道时，承认了它们所拥有的数据的力量。《纽约时报》记者约翰·布罗德（John Broder）说他的特斯拉 Model S 曾经出过故障，将他困在了路上。特斯拉在一篇博客中反驳说它们确认了一些让人质疑布罗德的故事版本的数据点。比如说，特斯拉指出布罗德的驾驶速度范围为 104 公里 / 小时到 130 公里 / 小时，车内温度被设置为 22 摄氏度。[8] 据《福布斯》杂志报道："Model S 中的数据记录器知道汽车内的温度设置、整个行程中的电池电量、汽车每分钟的速度和驶过的确切路径——详细到知道这位汽车测评人在汽车电量几乎快要耗尽时还在停车场里开着转圈。"

美国在 2015 年后生产的所有用于销售的汽车中，远程信息服务功能都是车内黑匣子的合乎逻辑的延伸。但车内黑匣子根本不是新东西。它们的出现可以追溯到 20 世纪 70 年代首次引入安全气囊的时候。在发生撞车时，那时候的人还会受到来自气囊的威胁生命的伤害，甚至有的人因为气囊撞击他们身体的力量过大而丧命。在一些案例中，如果汽车没有装配这些气囊，里面的乘客可能到今天还活着。为了进行改进，工程师需要撞车发生前后气囊部署的相关数据，这些数据是通过气囊的传感和诊断模块收集的。然而，直到 2017 年车主们才被告知汽车中的这些传感器会记录有关他们驾驶的数据。

车内黑匣子类似于飞机黑匣子，是由加速度的突然变化触发的，它们只会记录加速度突然改变事件的最近几秒钟，比如突然加速、转弯和急刹车。

但是我们很容易想到，这些黑匣子会收集并通过蜂窝连接实时传输更多种类的数据。想象一下，未来按 3 ～ 5 天时间长度收集的数据既可以存储在汽车上，也可以存储在云中。你不必再尽力描述当你的汽车以 56 公里 / 小时或更快的速度行驶时发出的嗡嗡噪声，只需要让修理师读取记录的数据即可。真正的问题是，能读取这些数据的还有谁？即使是特斯拉也承认其收集的数据可能会被第三方使用。

如果这个第三方是你的银行呢？如果该银行与你的汽车制造商有一个协议，那么它就可以跟踪你的驾驶能力并据此评估你未来汽车贷款的资格。你的健康保险公司也可能做同样的事，甚至你的汽车保险公司。美国联邦政府也许有必要对谁拥有来自你的汽车的数据，以及你拥有怎样的保持这些数据私密的权利进行评估。

目前你对此还基本上无能为力，但未来值得关注。

如何对抗联网的隐私危机

即使你没有特斯拉汽车，你的汽车制造商可能也提供了一个应用，让你可以开启车门、发动引擎或者在你的汽车上进行某些诊断。一位研究者表明，现在已经有技术可以入侵这些在汽车、云和应用之间传播的信号并将其用于跟踪目标车辆、毫不费力地解锁车辆、触发鸣笛或警报甚至控制引擎。除了将汽车挂挡开走——那仍然需要该驾驶者的钥匙，某个黑客几乎能做到所有事情。不过，我后来找到了禁用特斯拉的遥控钥匙的方法，可以让特斯拉完全禁用。通过使用 315 MHz 的小型无线电发射器，你可以让遥控钥匙无法被检测到，从而禁用汽车。

因在 2005 年开发了针对 Myspace 的 Samy 蠕虫病毒而广为人知的安全研究者萨米·卡姆卡尔在 DEF CON 23 上演讲时演示了一个他打造的名叫 OwnStar 的设备，该设备可以伪装成一个已知的汽车网络。比如说，他可以使用该设备打开你的启用了 OnStar 的通用汽车。该设备会伪装成汽车的无线接入点，并自动将不知情的驾驶者的移动设备与这个新接入点关联起来（假设该驾驶者之前已经关联了原来的接入点）。无论何时，不管是在 iOS 还是安卓上，只要该用户启动自己的 OnStar 移动应用，

OwnStar 代码就会利用该应用中的一个漏洞来窃取该驾驶者的 OnStar 凭证。卡姆卡尔说："只要你在我的网络上并且打开了该应用，我就开始接管了。"

在取得了用户登录 RemoteLink（OnStar 所用的软件）的凭证并听到了锁定或解锁的哔哔声之后，攻击者可以追踪到停在拥挤停车场中的汽车，打开它，偷走里面任何有价值的东西。然后，攻击者会从保险杠中移除该设备。这种攻击毫不拖泥带水，因为不会有任何暴力侵入的痕迹。想搞清楚究竟发生了什么，车主和保险公司会伤透脑筋。

研究者已经发现，为改善交通流量而设计的互联汽车标准也可以被跟踪。这些标准包括车对车（V2V）通信和车对基础设施（V2I）通信，合称 V2X，要求汽车使用被称为 802.11p 的 5.9 GHz 段的 Wi-Fi 频谱每秒广播 10 次消息。

不幸的是，这些数据是未加密发送的——必须这样。当汽车在公路上疾驰时，解密信号所需的毫秒级延迟可能会导致危险的撞车发生，所以设计者选择了开放的、不加密的通信方式。他们知道这一点，并且坚称这些通信不包含任何个人信息，甚至不包含车牌号。但是，为了防止伪造，这些消息都有数字签名。这些数字签名就像我们的手机发送的 IMEI（手机序列号）数据一样；这些数据可用于追溯登记的车主。

乔纳森·佩蒂特（Jonathan Petit）是这项研究背后的研究者之一，他告诉《连线》杂志："这辆车在说'我是艾丽斯，这是我的位置，这是我的速度和我的方向'。你周围的每个人都能听到……他们可能会说'艾丽斯在这里，她声称自己在家里，但她开车经过了药店，去了一家生育诊所'这类的事情……人们可以推断出大量有关该旅客的私密信息。"

佩蒂特使用大约 1 000 美元设计了一个可以收听 V2X 通信的系统，而且他认为花费大约 100 万美元就能使他的传感器覆盖一个小城镇。无需大量警力，这个城镇就可以使用这种传感器来识别驾驶者的身份，以及更重要的——识别他们的习惯。

美国国家公路交通安全管理局和欧洲当局提出了一个提议，即让802.11p信号（汽车的"假名"）每5分钟变化一次。但那阻止不了目的明确的攻击者——他只需要在路边安装更多的传感器就能识别改变前后的车辆。总之，避免车辆被识别的选择似乎非常少。

"假名变化并不能防止跟踪，只能延缓这种攻击。"佩蒂特说，"但是为了改善隐私，仍然需要它……我们希望表明，在任何部署配置中，你都需要这种保护，否则某人就能够追踪到你。"

汽车连接到互联网实际上有益于车主：制造商可以及时推送车辆所需的软件漏洞修复。在本书写作时，大众[9]、路虎[10]和克莱斯勒都曾遇到过备受关注的软件漏洞问题。但是，只有奔驰、特斯拉和福特等少数几家汽车制造商会向它们的所有汽车推送空中更新。大部分人还是必须去店里才能更新他们的汽车软件。

智能联网汽车，汽车的未来

如果你认为特斯拉和优步跟踪你每次行程的方式很可怕，那么自动驾驶汽车甚至更加恐怖。就像我们口袋里的个人监控设备（手机）一样，自动驾驶汽车需要跟踪记录我们想去的地方，甚至需要知道我们在特定时间的位置，以便随时做好使用准备。谷歌和其他公司提出的场景是城市不再需要停车场或车库——你的汽车会自己到处开，直到它需要被使用的时候。城市或许会采用按需使用的模式；在这种模式中，私人拥有汽车将成为过去，每个人都共享使用附近的汽车。

比起用铜线连接的电话，手机更像是传统个人电脑；和手机一样，自动驾驶汽车也是一种新形式的计算机。它们将会是自给自足的计算设备，可以在行驶时进行瞬时的自动决策，以防其网络通信中断。它们也可以使用蜂窝连接访问各种各样的云服务，从而接收实时交通信息、道路施工情况更新和来自国家气象局的气象报告。

目前已经有一些传统汽车也能获取这些更新了。但据预测，在 2025 年之前，道路上行驶的大多数汽车都将连接到其他汽车和道路旁的辅助服务，而且很可能其中相当大的比例都是自动驾驶的。想象一下如果自动驾驶汽车出现了一个软件漏洞，会造成怎样的后果。

与此同时，你的每个行程都会被记录在某个地方。你会需要一个应用，像优步一样的应用，这个应用会登记你和你的移动设备并记录你的行程；如果这些行程要通过绑定的信用卡收费，那么记录中可能还有与你的行程相关的费用。这些记录可以被传唤使用，不管是从优步公司还是从你的信用卡公司。而且鉴于参与设计这些自动驾驶汽车运行软件的很可能是私营公司，所以在是否向执法部门分享任何或所有你的个人信息方面，你只能任这些公司和它们的决策摆布。

欢迎进入未来世界。

我希望当你读到这里时，互联汽车的生产和通信协议方面已经有更加严格的监管了——至少有预兆说不久的将来会有更加严格的监管。汽车行业和医疗设备等行业一样，不会使用当今被广泛接受的标准的软件和硬件安全实践，而正在尝试重新发明轮子[①]——就像过去 40 年来我们对网络安全的了解并不多一样。我们已经了解很多了，如果这些行业开始遵循已有的最佳实践，而不是坚持认为它们正在做的事情与过去做过的事情完全不同，就能得到最佳的结果。事实并非如此。不幸的是，比

---

① 　重新发明轮子（reinvent the wheel）是指重新创造之前已有人创造或优化过的基本方法。在很多情况下这种做法是毫无必要的多余行为，但在软件开发方面，重新发明轮子往往是必要的，原因包括可以避开特定库的版权问题，可以为新的开发环境提供和原来相同的功能等等。——译者注

起单纯的软件崩溃导致的蓝屏死机，汽车中的安全代码出错会导致严重得多的后果。这样的故障可能导致人类受伤或死亡。在本书写作时，至少已经有一个人在特斯拉处于测试版自动驾驶模式时死亡了——这个结果究竟是由错误刹车导致的还是由汽车软件判断错误导致的，还有待查明。

　　读完这些，你可能就不想离开你的家了。在下一章中，我将讨论我们家里的哪些小装置在倾听和记录我们在关闭的门后所做的事情。在这种情况下，我们需要害怕的不是某些机构。

The Art of Invisibility

智能家居，
织就私生活的监控之网 | 12

　　几年前，没人会关心你家里的恒温器。那时候，这种将你家保持在舒适温度的恒温器还是简单的手动控制的。然后，恒温器可以编程了。再然后，一家名叫 Nest 的公司让你能够使用基于互联网的应用控制你的可编程恒温器。你感觉得到我要说什么了，对吧？

　　　　在霍尼韦尔 Wi-Fi 智能触屏恒温器的一条报复性产品评论中，某个自称 General（将军）的人在亚马逊上写到他的前妻夺走了房子、狗和 401（k）①，但他保留了霍尼韦尔恒温器的密码。当前妻和她的男友出门时，这个 General 声称他会升高房间里的温度，然后在他们回来之前又将其降回来："我只能想象他们的电费可能会有多高。我不禁笑了。"[1]

　　在信息安全行业会议 Black Hat USA 2014 上，研究者揭示了几种可能

────────────

①　401（k）退休福利计划是美国于 1981 年创立的一种延后课税的退休金账号计划，美国政府将相关规定写入国税法第 401（k）条中，故简称为 401（k）计划。美国的退休计划有许多种，像公务员、大学职员等人根据其相应法例提供退休金，而 401（k）只应用于私人公司的雇员。——译者注

会给 Nest 恒温器的固件造成危害的方式。需要重点强调一下，其中许多危害方式都需要物理访问该设备，也就是说，得有人进入你的家里并且在恒温器上安装一个 USB 接口才行。独立安全研究者丹尼尔·布恩特洛（Daniel Buentello）是谈论入侵该设备的四位演讲者之一。他说：“这是一种用户无法在上面安装反病毒软件的计算机。更糟糕的是，里面还有坏人可以使用并且永远待在那里的一个秘密后门。这是真正的墙上之蝇①。”

这个研究团队展示了一段视频，其中他们修改了 Nest 恒温器的接口并且上传了多种其他新功能。有意思的是，他们无法关闭该设备内部的自动报告功能——因此为了做到这一点，该团队创建了他们自己的工具。这个工具会切断流回 Nest 的母公司谷歌的数据流。

之后，Nest 的佐兹·库齐亚斯（Zoz Cuccias）对该演讲进行了评论，她告诉 *VentureBeat*：“从笔记本电脑到智能手机，所有的硬件设备都是可以被破解的；这不是一个独有的问题。这种物理破解需要实际接触到 Nest Learning 恒温器。如果某人成功进入了你家并决定做些坏事，那么他很可能会安装自己的设备或拿走你的珠宝。这种破解不会危害我们的服务器或与服务器的连接的安全性，而且就我们所知，还没有任何设备可被远程访问并受到危害。客户的安全对我们来说非常重要，而且远程漏洞是我们的最高优先项。你的最佳防范措施之一是购买一套 Dropcam Pro，这样你就可以在不在家时监控家里的状况了。”

将密码改得难以被猜到，部署物联网设备的第一步

随着物联网的出现，像谷歌这样的公司急于在其中占据一席之地，拥

---

① 墙上之蝇（fly on the wall）是指像墙上的一只苍蝇一样，不被察觉地进行观察活动。——译者注

有其他产品可以使用的平台。换句话说，这些公司希望其他公司开发的设备能够连接到它们的服务而不是其他公司的服务。谷歌拥有 Dropcam 和 Nest，但还想让其他物联网设备（比如智能灯泡和婴儿监视器）也连接到你的谷歌账号。至少对谷歌而言，这么做的好处是可以收集到更多有关你的个人习惯的原始数据（任何大公司都是这样，包括苹果、三星和霍尼韦尔）。

谈到物联网，计算机安全专家布鲁斯·施奈尔（Bruce Schneier）在一次受访时总结说："这非常像 20 世纪 90 年代的计算机领域。没人关心安全性，没人做更新，没人知道任何事——这些事全都非常非常糟糕，并且将会带来崩溃……漏洞肯定会有，它们会被坏人利用，而且没有给它们打上补丁的方法。"

为了证明这一点，记者卡什米尔·希尔在 2013 年夏天做了一些调查并自己动手进行了一些计算机入侵。通过使用谷歌搜索，她发现，一个简单的短语就可以让她控制一些用于家庭的 Insteon 集线器设备。集线器是指为移动应用或直接为互联网提供接入的中心设备。通过这个应用，人们可以控制客厅的照明、锁上房子的门或者调节家里的温度。通过互联网，房子的主人还可以在出差的时候远程调节这些东西。

调查表明，攻击者也可以使用互联网远程接入该集线器。为了进一步验证，希尔联系了俄勒冈州一个完全陌生的人——托马斯·哈特利（Thomas Hatley），问哈特利能否使用他家作为测试案例。

希尔在自己位于旧金山的家中可以开关哈特利家里的灯，而他们在太平洋海岸上相距大约 1 000 公里之遥。如果哈特利的热水浴缸、风扇、电视机、水泵、车库门和视频监控相机都联网了，那希尔也都可以控制。

其中的问题（现已修复）在于，Insteon 让谷歌可以搜到哈特利的所有信息。更糟糕的是，那时候对这些信息的访问还没有使用密码保护——任何知道这个情况的人都能控制任何可在网上找到的 Insteon 集线器。哈特利的路由器确实有一个密码，但通过寻找 Insteon 所使用的端口就可以绕过这个密码，希尔也正是这么做的。

"托马斯·哈特利的家是我可以访问的 8 个家庭中的一个。"希尔写道，"敏感信息暴露出来了——不只是人们有什么家电和设备，还有他们的时区（以及离他们家最近的主要城市）、IP 地址，甚至一个孩子的名字；显然，他的父母希望能远距离地关掉他的电视机。在至少 3 个案例中，得到的信息都足以将这些互联网上的家庭与他们在真实世界中的实际位置对应起来。大多数系统的名字都很普通，但在其中一个案例中，系统的名字包含了一个街道地址，让我可以追踪到康涅狄格州的一处房屋。"

大约在同一时间，安全研究者尼塔什·汉贾尼也发现了一个相似的问题。他当时正在专门研究飞利浦 Hue 照明系统，该系统可以让主人使用移动应用来调节灯泡的颜色和亮度。该灯泡的颜色范围为 1 600 万色。

汉贾尼发现，只需在家庭网络中的家庭计算机上植入一个简单脚本，就足以在该照明系统中引发分布式拒绝服务攻击（distributed denial-of-service attack，简称 DDoS 攻击）。[2] 换句话说，他可以按自己的想法让任何使用 Hue 灯泡的房间陷入黑暗。他写的脚本是一段简单的代码，这样当用户重启该灯泡时，它很快又会熄灭——而且只要那段代码在那里，它就会一直不断地熄灭。

汉贾尼说，这可以给办公楼或公寓楼带来严重的麻烦。该代码会让所有灯都不能工作，即使受到影响的人给当地公共事业公司打电话，也只能发现他们那片地区并没有停电。

尽管可通过互联网访问的家庭自动化设备可以成为 DDoS 攻击的直接目标，但它们也可以遭到侵入，从而成为某个僵尸网络（botnet）的一部分。僵尸网络是由一个控制器控制的受感染设备大军，可用于针对互联网的其他系统发动 DDoS 攻击。2016 年 10 月，为 Twitter、Reddit 和

Spotify 等主要互联网品牌提供 DNS 基础设施服务的公司 Dyn 就遭受了这种攻击的一次重创。美国东部的数百万用户无法访问很多主要网站，因为他们的浏览器无法接入 Dyn 的 DNS 服务。

这一事件的罪魁祸首是一个名叫 Mirai 的恶意软件，这个恶意程序可以在互联网中到处搜索，寻找不安全的物联网设备，以便在未来的攻击中劫持和利用。这些设备包括闭路电视监控系统相机、路由器、数字视频录像机和婴儿监控器等。Mirai 会通过简单的密码猜测并尝试接管该设备。如果攻击成功，该设备就会被加入一个僵尸网络中，并等待指令下达。现在只需简单的一行指令，该僵尸网络的运作者就可以指示每个设备（总共有数十万乃至数百万个）向目标网站发送数据，从而将其淹没在信息洪流之中，迫使其离线。

尽管你没法阻止黑客对其他人发动 DDoS 攻击，但你可以避免他们的僵尸网络看到你。部署物联网设备的第一件事就是，将密码改得难以被猜到。如果你已经部署了设备，重新启动应该就能移除任何已有的恶意代码。

任何一个设备都能成为泄露隐私的途径

计算机脚本可以影响其他智能家居系统。

如果你家有个新生儿，你可能也有一个婴儿监视器。这种设备要么是一个麦克风，要么是一台相机，要么就是两者的组合，使父母远离婴儿床也能一直关注他们的宝贝。然而，这些设备也可能会"邀请"其他人来观察这个孩子。

模拟婴儿监视器使用的是已经退休的 43 ～ 50 MHz 范围的无线频率。这些频率最早是 20 世纪 90 年代的无绳电话使用的，任何拥有便宜的无线电扫描仪的人都可以轻松拦截无绳电话的通话，被拦截的目标也无法知道发生了这种事。

即使在今天，黑客也可以使用频谱分析器来发现特定模拟婴儿监视器所使用的频率，然后使用各种解调方案将这些电信号转换成音频。从电子设备商店购买的警用扫描仪就足够了。有人还使用设置在同一个信道的同一个品牌的婴儿监视器来偷听邻居，这类法律案件已经有很多了。2009 年，芝加哥的韦斯·登科夫（Wes Denkov）起诉了 Summer Infant Day & Night 婴儿视频监视器的生产商，声称他的邻居可以听到他家里的私人谈话。[3]

作为应对措施，你可能会想使用一个数字婴儿监视器。它们仍然很容易被窃听，但它们更加安全，而且有更多配置选择。比如说，你可以在购买之后立即更新监视器的固件（芯片上的软件）。另外，一定要修改默认的用户名和密码。

在这里，你可能同样会遇到不受你控制的设计选择。尼塔什·汉贾尼发现，贝尔金 WeMo 无线婴儿监视器在应用中使用了一种令牌；一旦你将该应用安装到了你的移动设备上并在你的家庭网络上使用过，那么该令牌将一直保持活动——在世界任何地方。假设你同意看护你的新生侄女，而且你哥哥邀请你通过他的本地家庭网络，将这个贝尔金应用下载到你的手机上（很幸运，该网络使用了 WPA2 密码进行保护）。那么现在，你从全国各地乃至全球各地都能够访问你哥哥的婴儿监视器了。

汉贾尼指出，很多互连的物联网设备中都有这样的设计缺陷，这些设备假设在本地网络上的所有事物都是可信的。一些人相信，不久之后我们的家里都会有二三十个这样的设备；如果真是如此，那么安全模式也必须改变。如果网络上的一切都是可信的，那么任何一个设备（婴儿监视器、灯泡、恒温器）中的漏洞都能让远程攻击者进入你的智能家居网络，并让他有机会对你的个人习惯有更多的了解。

关闭语音激活，别让电视与手机出卖你

在移动应用出现之前很久，就有手持式遥控器了。我们大多数人都太年轻，不记得电视机有遥控器之前的日子——那时候，人们必须离开沙发，亲自转动一个旋钮来更换频道或开大音量。今天，我们舒服地坐在沙发上就能给电视下达指令。这可能非常方便，但也意味着电视一直在聆听——可能只是为了听到打开自己的命令。

在早期的时候，电视机的遥控器需要在直线视野内，使用光工作——确切地说是使用红外技术。电池供电的遥控器会发出一连串的闪光，人眼几乎看不见，但电视机的接收器能够看见（同样要在直线视野内）。当电视关机时，它如何知道你是否想打开它？很简单：电视机中的红外传感器一直开启着，处于待机模式，等待着来自手持遥控器的特定红外光脉冲序列将其唤醒。

遥控电视发展了很多年之后才纳入了无线信号，这意味着你无须直接站在电视机前面；你可以在侧面，有时甚至可以在另一个房间。同样，关机时电视机处于待机模式，等待着合适的信号唤醒它。

后来发展出了语音激活的电视。这些电视不再需要拿在手里的遥控器了——而且你可能也像我一样，在需要遥控器的时候到处找也找不到。你只需说一句"电视打开"或"你好电视"这样蠢蠢的话，电视就会神奇地打开。

2015 年春季，安全研究者肯·蒙罗（Ken Munro）和戴维·洛奇（David Lodge）想知道使用声音激活的三星电视是否一直在听房间内的交谈，即使该电视未被使用。他们发现，数字电视确实会在关闭后保持闲置（这是让人放心的），但在你给了它们一个简单的命令（比如"你好电视"）之后，电视就会录下你所说的一切（它们会录下一切声音，直到再次得到"关闭"的命令）。有多少人会记得在电视开着时保持绝对的安静？

我们不会保持安静，而更让人不安的是，我们在"你好电视"命令之后所说的（和被录下的）话都没有加密。如果我能进入你的家庭网络，就可以在这台电视开着时偷听你在自己家里的任何谈话。支持让电视处在监听模式的观点认为，该设备需要听到你可能给出的任何额外命令，比如"调高音量""换台""静音"。这可能没什么问题，只是被捕获到的语音命令需要先上传到卫星，然后再返回来。而且因为整个数据流都没有加密，我就可以对你的电视发动中间人攻击：插入我自己的命令来切换频道、将音量开得很大或在任何我想的时候直接关闭这台电视。

让我们想一想这个情况。这就意味着，如果你与一台具有语音激活功能的电视共处一室，并且你正在和某个人谈话，然后你决定打开这台电视，那么接下来的谈话流可能就会被你的数字电视记录下来。此外，这段关于小学即将进行的面包糕饼售卖活动的谈话录音可能会被传输回远离你家客厅的某个服务器。事实上，三星不仅会将这些数据传输给自己，还会传输给另一家名叫 Nuance 的语音识别软件公司。所以有两个公司都获得了关于即将到来的面包糕饼售卖活动的关键信息。

让我们认清现实吧：你在你家中电视前的谈话可能一般都不是关于面包糕饼售卖活动的。也许你在谈论什么非法的、执法部门可能希望知道的事情。这些公司完全有可能会通知执法部门；假如执法部门已经盯上你了，那么官员们可能会用一张搜查令迫使这些公司提供完整的转录。"抱歉啦，但出卖你的是你的智能电视……"

三星在自我辩护时声称隐私协议中提到过这种窃听场景，而且所有用户在打开电视时都默认同意了该协议。但你什么时候在打开一个设备之前会先阅读一下隐私协议？三星表明，公司会在不久的将来加密其所有的电视通信。但截至 2015 年，市面上的大多数型号都还未加保护。

幸运的是，对于你的三星电视，以及可能的其他制造商的电视上这种 HAL 9000[①] 一样的功能，也有一些可以禁用的方法。在三星 PN60F8500 和类似的产品上，进入设置菜单，选择"智能功能"，然后在"语音识别"下选择"关闭"。但如果想阻止你的电视记录你家里的敏感对话，就不得不牺牲用语音命令打开电视的能力。你仍然可以用手里的遥控器选择麦克风按钮并说出你的命令。或者你可以从沙发上起身，自己去换台。我明白，这很艰难。

三星不是唯一一家没有加密数据流的公司。一位研究者在测试 LG 智能电视时发现：每次观看者换台时，电视都会通过互联网向 LG 返回数据。这款电视也有一个被称为"收集观看信息"的设置选项，默认是开启的。你的"观看信息"包括存储在连接到你的 LG 电视上的任何 USB 驱动器上的文件的名字——比如一个包含了你的家庭度假照片的驱动器。研究者还进行了另一项实验，他们制作了一个模拟[②] 视频文件并将其载入了一个 USB 驱动器，然后将驱动器插到他们的电视上。分析网络流量时，他们发现这个视频的文件名以 http 的方式未加密地发送到了 GB.smartshare.lgtvsdp.com 这个地址。

为智能产品生产嵌入式语音识别解决方案的公司 Sensory 认为自己还能做到更多。"我们认为智能电视的魔力是让它一直开启，一直倾听。"Sensory 公司的 CEO 托德·莫泽尔（Todd Mozer）说，"目前监听还

---

①　HAL 9000 是《2001：太空漫游》中一部拥有强人工智能的超级电脑。尽管在影片末尾可以看到它的部分硬件，但是它一般被描述成中间有一颗红点的摄像头，遍布整艘太空船。它控制着"发现者一号"太空船的所有系统，并与太空船内的宇航员们进行互动。——译者注

②　模拟（mock）是指以可控的方式模拟真实对象的行为。程序员通常会创造模拟对象来测试其他对象的行为，类似于汽车设计者使用碰撞测试假人来模拟车辆碰撞中人的动态行为。——译者注

会消耗太多能量。三星已经做出了一种真正智能的东西并且创造了一种监听模式。我们希望走得更远，让它能一直开启和一直倾听，不管你在哪里。"⁴

现在你知道你的数字电视有怎样的能力了，你可能会想：你的手机会在关机后偷听吗？答案有三大阵营：会、不会和看情况。

隐私社区里有人言之凿凿地说，你必须把关闭后的智能手机的电池取出来，才能确保不被监听。这个观点似乎并没有太多证据支持；大都只是些传闻。还有人宣称只要关闭你的手机就足够好了；结案。但我认为实际上在有些案例（比如说手机被植入了恶意软件）中，手机并没有完全关闭，仍然能记录附近的交谈。所以这取决于多种因素。

有些手机可以在你说出一个神奇的短语时被唤醒，就像是声音激活的电视那样。这意味着这些手机一直都在监听，等待这个神奇的短语。这也意味着，人们所说的话会以某种方式被记录下来或传输出去。在某些感染了恶意软件的手机中，会发生这种事：在没有进行通话时，手机的相机或麦克风也会激活。我认为这种情况很少见。

回到主要的问题上。隐私社区里有人说，你可以在手机关机后激活它。有的恶意软件会让手机看起来像是关机了一样，但实际上却没有关机。但是，我认为人们不可能激活关机后的手机（没有供电）。基本上任何使用电池供电、使其软件保持运行状态的设备都可以被利用。做一个能让开机的设备看起来像是关机了一样的固件后门并不难。没有电的设备做不了任何事。还是说可以？有些人认为NSA在我们的手机中放入了供电的芯片，使它们在手机物理断电（甚至拔出了真正的电池）时也能继续跟踪。

不管你的手机是否能够监听，你在手机上使用的浏览器肯定可以。大约在2013年，谷歌启动了一个名叫"热词"（hotwording）的功能，让你可以使用一个简单的命令来激活Chrome的监听模式。其他公司紧随其后，包括苹果的 Siri、微软的 Cortana 和亚马逊的 Alexa。所以你的手机、传统个人电脑和你咖啡桌上的独立设备全都包含后端的云服务，可以响应"Siri，离我最近的加油站有多远？"这样的语音命令。这意味着它们一直在听。而如果你不担心这个，你也要知道，使用这些服务进行的搜索是会被无限期地记录和保存的。

是的，无限期。

所以这些设备会听到多少东西？实际上，当这些设备没有回答问题或开关你的电视时，它们究竟在做什么还不是很清楚。比如说，研究者使用 Chrome 浏览器的传统个人电脑版本发现，某人（谷歌？）启用了麦克风，似乎一直在监听。Chrome 的这个功能源自其对应的开源版本——名叫 Chromium 的浏览器。2015 年时，研究者发现某人（谷歌？）似乎一直在监听。经过进一步调查，他们发现这是因为这款浏览器默认开启了麦克风。尽管这些代码包含在开源软件中，却不提供审查。

这种做法有些问题。首先，"开源"就意味着人们应该可以看到代码，但在这个案例中，这些代码是一个黑箱，没人审查过。其次，这些代码是通过谷歌的自动更新进入这款流行的浏览器的，没有给用户提供拒绝的机会。而且截至 2015 年，谷歌还没有移除它。谷歌确实为人们提供了退出的方式，但这种退出需要复杂的编程技能，普通用户靠自己是无法办到的。

要移除 Chrome 和其他程序中这种恐怖的窃听功能，还有一些技术含量更低的方法。对于网络摄像头，直接在上面贴一张胶带就行。对于麦克风，最好的防御措施之一是，在你的传统个人电脑的麦克风插口插入一个聋子话筒。要做到这一点，找一副坏掉的旧耳机或耳塞，然后在麦克风插头处把线剪掉，再把这个麦克风插头插入插口。你的计算机会以为那里有个麦克风，但实际上并没有。当然，如果你想使用 Skype 或其他网络服务进行通话，就需要先移除这个插头。另外，非常重要的一点是：要确保这个麦克风插头上的两根线没有接触在一起，防止其烧掉你的麦克风端口。

家里的另一种连接设备是亚马逊 Echo，这是一种互联网枢纽，可以让用户仅靠语音就能按需点播电影或在亚马逊上订购其他产品。Echo 是一直开机的，处于待机模式，监听着每个词，等待着它的"唤醒词"。因为 Echo 能做的事情比智能电视多，所以用户需要首先向该设备说多达 25 次某个特定的短语，之后才能对它发出命令。如果你要求，Echo 可以告诉你外面的天气，提供最新的体育比赛得分以及订购或再次订购收藏夹里面的商品。鉴于 Echo 识别的一些短语（比如"明天会下雨吗？"）的一般性本质，你有理由相信，你的 Echo 可能会比你的智能电视听到更多的内容。

幸运的是，亚马逊提供了删除你在 Echo 中的语音数据的方法。[5] 如果你想删除所有内容（比如你计划把你的 Echo 卖给另一个人），那么你需要在网上操作才行。[6]

尽管所有这些语音激活的设备都需要一个特定的短语来唤醒，但我们还不清楚这些设备在停工期间（没人命令它做任何事的时间）究竟在做什么。如果可能，要在配置设置中关掉语音激活功能。你总是可以在你需要的时候重新开启它。

你的电冰箱也可能出卖你

在你的电视和恒温器之外，与亚马逊 Echo 一起加入物联网的还有你的电冰箱。

电冰箱？

三星已经推出了一款可与你的谷歌日历连接的电冰箱，这款家电的门上镶嵌了一块平板屏幕，可以显示即将到来的活动——有点像你曾经用来记事的白板。只是现在，这款电冰箱通过你的谷歌账号连接到了互联网。

三星在设计这款智能电冰箱时有几件事做对了。它们使用了 SSL/https 连接，所以该电冰箱和谷歌日历服务器之间的流量是加密的。而且它们将这款未来电冰箱提交给了 DEF CON 23 进行测试，这可是世界上最紧张激烈的黑客会议之一。

但据入侵过数字电视通信的安全研究者肯·蒙罗和戴维·洛奇说，三星无法检查与谷歌服务器通信和获取 Gmail 日历信息的证书。证书可以验证电冰箱与谷歌服务器之间的通信是安全的。但如果没有证书，有恶意企图的人就可能出现并创造他自己的证书，用来窃听你的电冰箱与谷歌之间的连接。

那又如何？

好吧，在这种情况下，某个进入你家庭网络的人不仅能获得你的电冰箱的访问权限，让你的牛奶和鸡蛋变质，还能通过在电冰箱日历客户端上执行中间人攻击而窃取你的谷歌登录凭证，进而取得你的谷歌账号信息——这让他能够读取你的 Gmail，甚至还可能造成更大的损失。

智能电冰箱还尚未实现普及。但毫无疑问，随着我们不断连接到互联网甚至我们的家庭网络的设备越来越多，安全性也将随之下降。这非常可怕，尤其是当受到损害的东西对你而言非常宝贵和私密时——比如你的家庭。

物联网公司正在研发可以将任何设备都变成家庭安全系统的一部分的应用。比如，你的电视某天可能会带上一个照相机。这样，在智能手机或平板电脑上的应用能让你从任何远程位置看见你家里或办公室里的任何房间。灯光也可以感知到房子内外的信号从而开启。

有时候，你可能会开车回你的房子，而当你这样做时，你手机上或

汽车里的报警系统会使用其内置的定位功能感知你的到达。当你离家 15
米远时，这个应用就会发出信号，通知家庭报警系统打开前门或车库门
（你手机上的应用已经连接到了房子并获得了授权）。然后，这个报警系
统会进一步联系室内照明系统，要求其点亮门廊、入口，也许还有客厅
或厨房。另外，你可能也想在走进家中时，就能听到立体声音响正在播
放来自 Spotify 等服务的柔和室内乐或最新的排行榜上前 40 名的音乐。
当然，还有房子会根据季节和你的偏好升温或降温，这样你就可以直接
享受舒适的家庭环境了。

　　家庭报警系统在 20 世纪末 21 世纪初的时候开始流行起来。那时候
的家庭报警系统还需要技术人员在房子的门窗上安装有线的传感器。这
些有线传感器会连接到一个中央集线器上，该集线器又会使用固定电话
线与监控服务交换信息。设置了这种报警系统之后，如果有人破坏了锁
好的门窗，这个监控服务就会联系你，通常是通过电话。这个系统通常
带有电池，以防断电。注意，固定电话通常不会断电，除非接入房子的
线被切断了。

　　当很多人摆脱了铜线连接的固定电话并开始仅依靠移动通信服务
时，报警监控公司也开始提供基于蜂窝通信的连接。最近它们又转向了
基于互联网的应用服务。

　　现在这些门窗上的传感器本身就是无线的。为丑陋的线缆做的钻孔
和穿线肯定少了很多，但风险也更大了。研究者已经多次发现，来自这
些无线传感器的信号并未加密。想要破坏该系统的潜在攻击者只需要窃
听这些设备之间的通信就行了。比如说，我可以潜入你的本地网络，那
么我就可以窃听你的警报公司服务器与你的室内设备（假设它在同一个
本地网络中并且没有加密）之间的通信，然后我可以通过操纵这些通信
来控制你的智能家居，伪造命令来控制报警系统。

　　现在也有公司提供"自己动手安装"的家庭监控服务。如果有任何

传感器受到了干扰，你的手机就会被一条短信点亮，通知你出现了什么状况。该应用也可能会提供一个房子内部的网络摄像头图像。不管以哪种方式，你都能自己控制和监控你的房子。这当然很好，除非你的互联网中断了。

即使当互联网工作时，坏人也可以破坏或抑制这些手动安装的无线报警系统。比如，攻击者可以触发虚假报警（在某些城市，房主必须为此付费）。在你家门前的街道上或 200 多米的范围内都可以让你的设备发出虚假报警。虚假报警太多会让该系统不值得信任（而且高昂的费用也会掏空房主的钱包）。

攻击者也可以发送无线电噪声干扰房主手动安装的无线传感器的信号，从而阻止它与主集线器或控制面板的通信。这会抑制警报发出并防止其发出声音，能有效地使保护无效并让犯罪分子长驱直入。

网络摄像头，被监控的私生活

很多人在家中安装了网络摄像头——不管是出于安全考虑，还是用来监视清洁工或保姆，或者是用来关注有特殊需求的居家老人和所爱之人。不幸的是，这些互联网上的相机中有很多都容易遭到远程攻击。

有一个叫 Shodan 的公开可用的网络搜索引擎，它会公开配置连接到互联网的非传统设备。[7] Shodan 不仅会给出你家里的物联网设备的结果，还会给出因服务器错误配置而连接到公共网络的市政公用设施内部网络和工业控制系统的物联网设备结果。它还能提供全世界数不胜数的错误配置的商业网络摄像头的数据流。据估计，任何一天都可能有多达 10 万的网络摄像头在互联网上进行只有一点保护或完全没有保护的传输。

这些摄像头之中有来自友讯（D-Link）公司的默认无须认证的互联

网相机，可被用于偷窥别人的私生活（取决于这些相机被用来捕捉什么画面）。攻击者可以使用谷歌筛选器搜索"友讯互联网相机"，查找默认无身份认证的型号，然后进入 Shodan 这样的网站，点击一个链接，就可以悠闲地查看这些视频流了。

　　为了防止这种事发生，当你不使用可通过互联网访问的网络摄像头时，就将其关闭，并在物理上断开它们的连接以确保离线了。当使用这些摄像头时，要确保它们有正确的身份认证并且设置了一个自定义的强密码，不要使用默认密码。

　　如果你认为你的家庭隐私是一个噩梦，那再看看你的工作场所吧。我将在下一章中解释。

The Art of Invisibility

智能办公系统， 最容易泄露信息	13

　　如果你已经读了这么多，那你一定很关心隐私，但对大多数人来说，问题不在于躲过美国联邦政府的眼睛。不过，我们知道上班的时候，我们的雇主可以完全看到我们在他们的网络上所做的一切（比如购物、玩游戏、偷懒）。很多人只希望别被抓到！

　　而做到这一点的难度正变得越来越大，一部分是由于我们携带的手机。简·罗杰斯（Jane Rodgers）是芝加哥一家景观美化公司的财务经理。无论何时，只要她想知道她的雇员是否在他们应该在的现场，罗杰斯都可以在她的笔记本电脑上调出他们的准确位置。与许多管理者和公司所有者一样，罗杰斯使用了"'企业所有'且'员工使用'"①的带有 GPS 设备的智能手机和服务卡车上的跟踪软件来监视她的雇员。有一天，一位客户问罗杰斯，她的一位园艺师是否已经外出服务了。敲了几次键盘之后，罗杰斯证实该雇员已经在上午 10:00 到 10:30 之间到达了指定地点。

　　罗杰斯所使用的这类远程信息服务提供的功能可不只有地理位置定

---

① 英文说法为 COPE（corporate-owned, personally enabled），指一种办公模式，即由公司或机构向雇员提供移动计算设备，并且允许雇员像自己拥有该设备一样使用它们。——译者注

位。比如说，她还可以看到公司拥有的 9 部手机上的照片、短信和园艺师们发送的电子邮件。她还能读取他们的通话记录和网站访问情况。但罗杰斯说她只使用了 GPS 功能。

GPS 跟踪在服务行业已经使用很长一段时间了。GPS 跟踪加上联合包裹服务公司（United Parcel Service，简称 UPS）自己的使用算法选择路径的 ORION 系统，UPS 可以监控自家的司机并向他们建议优化的路径，从而节省燃油开支。这种方式还能帮助 UPS 监控懒惰的司机。结果是，UPS 每天递送包裹的数量增长了 140 万，而司机却少了 1 000 个。[1]

所有这些都对雇主有益，他们辩称通过榨取更高的利润，反过来就可以支付更高的工资。但雇员们会怎么想？所有这些监视都有一个缺点。在一项分析中，*Harper's* 杂志给出了在工作中被监控的一位司机的个人档案。这位司机说这个软件会设定下一个递送的时间，并且会在他提前或超过最优时间时提醒他。他还补充说，通常在一天结束时，他可能会超出 4 小时之多。

因为偷懒？这位司机指出单个站点可能会包含多个包裹，而 ORION 并不总是会考虑这个情况。他描述道，他在纽约配送中心的同事们为了跟上这个软件的进度，想一次性携带过多的包裹，进而让自己遭受着腰部和膝盖的慢性疼痛之苦——尽管公司一直在提醒要妥善处理重物。所以这种员工监控也要付出人力成本。

食品服务行业是另一个常用工作监控的领域。从餐厅天花板上的摄像头到桌面上的立式机器，有多种软件系统可以对服务员进行监视和评估。华盛顿大学、杨百翰大学和麻省理工学院的研究者在 2013 年的一项研究中发现，392 家餐厅在安装了防盗监控软件之后，与服务员有关的财物盗窃下降了 22%。[2] 正如我提到过的，活跃频繁的监控确实会改变人们的行为。

　　美国目前还没有联邦法规禁止公司跟踪其雇员。只有特拉华州和康涅狄格州要求雇主在监控自己的员工时要告知他们。在大多数州，雇员们根本不知道他们在工作时是否会受到监控。

　　坐在办公室里的雇员又如何呢？美国管理协会发现，66%的雇主会监控他们雇员的互联网使用情况，45%的雇主会监控雇员在计算机上的键盘操作（将空闲时间看作是可能在"休息"），43%的雇主会监控雇员的电子邮件内容。[3]有的公司还会监控雇员的 Outlook 日历输入、电子邮件标题和即时消息日志。表面上看，这些数据的使用目的是帮助公司了解其雇员花费时间的方式——从销售人员花了多少时间陪客户，到公司的哪些部门在通过电子邮件联系，再到雇员开会或离开了自己的办公桌多长时间。

　　当然，这也有积极的一面：有了这些指标意味着公司可以更加高效地安排会议或鼓励团队之间进行更多联系。但最重要的是，有人在收集所有这些企业数据。而且这些数据可能有一天会被转交给执法部门，至少在业绩考评时，它们会对你不利。

锁定你的计算机，直到你回到屏幕前

　　你在工作时并没有隐身。任何经由企业网络传输的东西都属于该公司——而不属于你。你可能使用的是公司发放的手机、笔记本电脑或VPN，这样即使你查看的是你的个人电子邮箱账号、你在亚马逊上的最新订单或你的休假规划，你也能预料到有人会监控你所做的一切。

　　有一个简单的方法，可以让你的管理者甚至同事无法偷窥：当你离开自己的办公桌去参加会议或去洗手间时，锁定你的计算机屏幕。这是认真的。不要把你的电子邮件或关于你耗时数周的项目的细节公开给别人——放在那里让别人乱来。要锁定你的计算机，直到你回到屏幕前。

这会多花几秒钟时间，但能让你免受很多苦恼。在操作系统中设置一个定时器，让它在一定时间后就锁定屏幕。或者使用一个蓝牙应用，这样当你的手机不在计算机旁边时，计算机就会自动锁定。话虽如此，现在还有一种使用武器化的 USB 设备的新型攻击手段。很多办公室封闭了它们的笔记本电脑和台式机上的 USB 端口，但如果你的设备没有封闭，那么武器化的 U 盘仍然能不使用密码就解锁你的计算机。[4]

如果你关心隐私，就不要在工作时做任何私事

除了企业机密，在上班的时候还会有大量的个人电子邮件经由我们的计算机进行传输，而且有时候，我们还会趁在办公室时为自己打印出来。如果你关心隐私问题，那就不要在工作时做任何私事。在你的工作生活和家庭生活之间树一道严格的防火墙。如果你觉得需要在工作间隙做点私事，你可以带一台私人设备，比如笔记本电脑或 iPad。而且如果你的移动设备启用了蜂窝通信，那就永远不要使用公司的 Wi-Fi ；更进一步，如果你在使用便携式热点，还要关闭你的 SSID 广播。在工作时做个人事务，应该只使用蜂窝数据。

说实在的，一旦你走进办公室，你的公共面具就需要上线。就像你不会和你临时的办公室伙伴聊真正的私事一样，你也需要让自己的个人事务远离公司的计算机系统（尤其是在你搜索与健康相关的主题或寻找新工作时）。

实际上做起来比听起来更难。其中一个原因是，我们已经习惯了无处不在的信息以及几乎到处都能使用的互联网。但如果要捍卫隐私，你就必须阻止自己公开地做私事。

假设你输入你的办公室计算机的一切都是公开的。那也并不意味着

公司的 IT 部门会积极监控你的特定设备，或就你使用 5 楼的昂贵彩色打印机打印你孩子的科学展项目一事采取任何行动——尽管他们也可能会这么做。关键是你做的这些事情都会有记录，如果将来你被怀疑了，他们可以读取你在该机器上所做过的一切的记录。这是他们的机器，不是你的。而且网络也是他们的。也就是说，他们可以扫描进出该公司的流量。

用亚当举个例子，假设他在他的工作计算机上下载了自己的免费信用报告。他使用公司的计算机通过公司的网络登录了征信机构的网站。假设你像亚当一样，也在工作时下载了你的信用报告。你想把它打印出来，对吧？所以为什么不将其发送给角落里的公司打印机呢？因为如果你这样做了，该打印机的硬盘中就会有一份包含你的信用历史的 PDF 文件副本。这台打印机不受你控制。而且当这台打印机退休并被移出办公室之后，你也不能控制其硬盘被处理的方式。现在，有的打印机会加密它们的硬盘，但你确定你办公室那台打印机加密了吗？

你不能确定。

不只如此。你使用 Microsoft Office 创建的每个 Word 或 Excel 文档都包含描述该文档的元数据。文档元数据通常包含作者的名字、创建日期、修改次数和文件大小，还可以选择添加更多细节。默认情况下，微软并没有启用这个功能；你必须经过一些工序才能看到它。[5] 但是，微软已经包含了一个文档检查器，让你可以在将文档导出到其他地方之前删除这些细节。[6]

2012 年，由施乐和迈克菲公司赞助的一项研究发现，54% 的雇员说他们并不总是遵守公司的 IT 安全政策。那些在工作场所配备了打印机、复印机或多功能打印机的公司的雇员中，有 51% 说他们在工作时复印、扫描或打印过机密的个人信息。而且不只是工作场所：当地复印店和图书馆里的打印机也是一样。它们全都有可以永久保存自己打印过的一切的硬盘。如果你需要打印一些个人的东西，也许你应该在家打印，或者使用你可以控制的网络和打印机。

激光打印机，最容易被攻破的办公设备

间谍活动一直都很有创意，即使对员工也是一样。一些公司会使用一些我们可能会认为理所当然的非传统办公室设备，我们也永远不会想到这些设备可以被用于窥探。看看哥伦比亚大学一位名叫崔昂（Ang Cui）的研究生的故事吧。崔昂想知道他是否可以入侵企业办公室并通过非传统的方式盗走敏感数据，于是他决定首先攻击当今大多数办公室都有的一种基础设备——激光打印机。

崔昂注意到打印机已经远远落后于时代了。我也在几次渗透测试中注意到了这一点。我能够利用打印机来获取进入企业网络的进一步权限。这是因为工作人员在内部部署时很少修改打印机的管理员密码。

打印机（尤其是用于家庭办公室的商业打印机）所用的软件和固件中有大量基本的安全漏洞。问题是，很少有人认为办公室打印机容易被人攻破。人们认为他们在享受有时候被称为"通过隐匿来实现安全"（security by obscurity）的便利——如果没人注意到这个漏洞，那你就是安全的。

但正如我说过的那样，根据型号的不同，打印机和复印机都有一个重要的共同点——它们可能带有硬盘。除非该硬盘加密了（很多仍然还没有加密），否则在之后的某个时间读取打印过的内容仍然是可能的。人们已经知道这一点很多年了。崔昂想知道他能否让公司打印机背叛它的主人，并将打印过的各种东西传出去。

为了更有意思，崔昂想攻击打印机的固件代码，这是嵌入在打印机

里的一块芯片中的程序。与我们的传统个人电脑和移动设备不同，数字电视和其他"智能"电子设备并不具有运行安卓、Windows 和 iOS 等全功能操作系统的能力，也不能处理资源。相反，这些设备使用的是所谓的实时操作系统（real-time operating system，简称 RTOS），这种系统存储在设备中的单块芯片内（通常被称为固件）。这些芯片仅保存了运行系统所需的命令，而没有其他的。制造商或供应商偶尔也需要通过重刷或替换芯片的方式更新这些简单的命令。这种事发生得非常不频繁，显然很多制造商并不会在其中构建适当的安全措施。所以这种更新的缺乏使崔昂决定实现他的攻击。

崔昂想知道，如果他侵入了惠普用于其固件更新的文件格式会怎样，而且他发现惠普并不会检查每次更新的有效性。所以他创建了他自己的打印机固件——而这台打印机接受了它。就这么简单。打印机并不会验证这个更新是否来自惠普，只关心这些代码是不是预期的格式。

崔昂现在可以自由地探索了。

在一个著名的实验中，崔昂报告说他可以打开定影棒，这是打印机用来在施加油墨后加热纸张的部件；他可以让它一直开启，这会导致打印机起火。其供应商（不是惠普）马上就回应说，定影棒内有一个热故障保护，意味着这种打印机不会过热。但那就是崔昂想要证明的——他成功关闭了这种故障保护功能，因此这台机器可就真的会起火了。

作为实验的结果，崔昂和他的导师萨尔瓦多·斯托弗（Salvatore Stolfo）认为，打印机在任何组织或家庭中都是薄弱环节。比如说，一家财富 500 强公司的人力资源部门可能会通过互联网收到带有恶意代码的简历文件。当招聘经理打印这个文档时，处理这个文档的打印机可能会被安装上一个恶意的固件，从而被完全接管。

拉印（pull printing）是指防止别人从打印机抓取你的文档，会让打印安全，它能确保文档只会根据用户在该打印机上的授权而发放（通常在打印文档之前必须输入密码）。这可以通过使用 PIN 码、智能卡或生物识别指纹来实现。拉印也能杜绝未声明的文档，可以防止敏感信息放在那里任人查看。

互联网电话，也可以被伪造

在攻击打印机的基础上，崔昂开始在典型的办公室中寻找其他可能易受攻击的常见目标，然后他找到了 VoIP 电话。和对待打印机一样，没有人充分意识到这些设备在收集信息方面的隐藏价值——你可能想到了。而且和打印机一样，VoIP 电话的系统更新也可以被伪造和接受。

大多数 VoIP 电话都有一个免提选项，让你可以在你的隔间或办公室中将某人的通话用扬声器播放。这意味着在电话听筒之外不仅有一个扬声器，还有一个麦克风。另外，上面还有一个"听筒提起"开关，这会告诉电话某人何时已经拿起了听筒想要拨打或接听电话，以及何时放回了听筒并启用了扬声器。崔昂意识到如果能破坏这个"听筒提起"开关，他就可以让电话通过扬声器麦克风听到附近的谈话——即使听筒挂在电话上也一样！

附加说明：和可以通过互联网接收恶意代码的打印机不一样，VoIP 电话需要单独地通过手动方式"更新"。这些代码需要使用一个 USB 驱动器来传递。崔昂觉得这不是问题。只要价钱够高，一位值夜班的清洁工就可以在他打扫办公室时使用一个 U 盘，将这些代码安装到每台电话上。

崔昂已经在一些大会上展示了这项研究，每次都使用了不同的 VoIP 电话，每次都会事先通知其供应商，而且每次供应商都确定会提供一个修复。但崔昂指出，补丁只是存在，并不意味着会被使用。现在，办公室、酒店和医院里可能仍有一些未打补丁的电话。

那崔昂又该如何将这些数据从电话里提取出来呢？因为办公室计算机网络会监控异常活动，所以他需要用其他方式来提取这些数据。他决定"脱离网络"，而选择使用无线电波。

在此之前，来自斯坦福大学和以色列的一些研究者曾发现，将你的手机放在你的计算机旁边能让远程的第三方窃听你的谈话。这需要在你的移动设备上植入恶意软件才能办到。但在流氓应用商店提供带有恶意代码的应用下载是很简单的，不是吗？

当你的手机被装上了恶意软件之后，手机中的陀螺仪就会敏感到足以感知轻微的振动了。研究者表示，在这种情况下，该恶意软件可以收集细微的空气振动，包括由人类说话引起的振动。谷歌的安卓操作系统可以读取传感器在 200 Hz 频率下的运动情况。大多数人类语音的频率范围是 80 ～ 250 Hz。这意味着该传感器可以拾取这些声音中的很大一部分。研究者甚至还为进一步拦截 80 ～ 250 Hz 的信号而设计构建了一个定制语音识别程序。[7]

崔昂在 VoIP 电话和打印机中发现了类似的东西。他发现，现在任何嵌入式设备中都有的任意微芯片上伸出的精细引脚都可以被控制，以特定的序列振动，从而通过射频传出数据。他称之为 funtenna①，这基本上就是潜在攻击者的游乐场。根据官方的说法，安全研究者迈克尔·奥斯曼（Michael Ossmann）表示："funtenna 是指系统的设计者并未打算用作天线的天线，尤其是当它被攻击者用作天线时。"

除了 funtenna，还能使用什么方法来窥探你在工作中所做的事情呢？

以色列的研究者发现，安装了恶意软件的普通手机可以被用于接收

___

① funtenna 是崔昂根据 "antenna"（天线）一词自造的词。——译者注

来自计算机的二进制数据。在此之前，斯坦福大学的研究者发现，手机传感器可以截听无线键盘电信号发射的声音。这个发现基于麻省理工学院和佐治亚理工学院的科学家进行的类似研究。可以说，你在办公室中输入、查看或使用的一切都能被某个远程第三方以这样或那样的方式窃听。

假设你使用的是一个无线键盘。那么该键盘发送给笔记本电脑或台式电脑的无线电信号可能会被截听。安全研究者萨米·卡姆卡尔就开发了一个用于做这种事的 KeySweeper。这是一种伪装的 USB 充电器，可以以无线和被动的方式寻找、解密、记录和报告（通过 GSM）附近任何微软无线键盘的所有按键情况。[8]

蜂窝热点，窃听你的通话、拦截你的短信

我们已经讨论过使用咖啡馆和机场里的假冒热点的危险。这在办公室里可能也成立。你办公室里的某个人可能会设置一个热点，而你的设备可能会自动与之连接。IT 部门通常会扫描这样的设备，但有时候也不会。

现在这个时代，带自己的热点上班就等于是带上你自己的蜂窝连接。你的移动运营商就会提供飞蜂窝这种小型设备。它们是为增强蜂窝连接而设计的，可用在家庭或办公室等信号可能很弱的地方。它们也不是没有隐私风险的。因为飞蜂窝是蜂窝通信的基站，所以你的移动设备常常会连接到它们，而不会通知你。想想这个情况。

在美国，执法部门会使用一种叫作 StingRay 的设备，这也被称为 IMSI 捕获器，是一种手机基站模拟器。此外还有 TriggerFish、Wolfpack、Gossamer 和 swamp box。尽管技术各不相同，但这些设备基本上都像没

有蜂窝连接的飞蜂窝一样。它们的目的是收集你的蜂窝电话的国际移动用户识别码，即 IMSI。它们在美国的使用情况要明显落后于欧洲——目前是这样。比如，IMSI 捕获器可以在大型社会抗议活动上使用，从而帮助执法部门识别参加集会的人的身份。可以想见，活动组织者的手机会一直开启，以便协调活动。

经过长时间的法律战，加利福尼亚州北部的美国公民自由联盟从政府那里拿到了详细论述其使用 StingRay 的方式的文件。比如说，执法人员被告知要获取笔式记录器（pen register）或诱捕和追踪（trap-and-trace）法庭命令。笔式记录器一直都被用于获取手机号码，即手机的拨号记录。诱捕和追踪技术则被用于收集关于接听的电话的信息。此外，有搜查令的执法部门还能合法地取得通话的语音记录或电子邮件的文本。据《连线》杂志报道，美国公民自由联盟得到的这些文件声明这些设备"也许能够截听通信的内容，因此这样的设备必须配置成禁用截听功能，除非截听行动已经得到了 Title III 法令的授权"。Title III 法令允许对通信进行实时截听。

让我们假设你正受到执法部门的监视。假设你在一间受到了高度监控的办公室里，比如某个公用事业公司的办公室。某人可能会安装一个飞蜂窝，来实现在该公司的正常呼叫记录系统之外的个人通信。其危险之处在于，桌子上放着修改过的飞蜂窝的同事可能会执行中间人攻击，他还可能会窃听你的通话或拦截你的短信。

在 2013 年的美国黑帽大会（Black Hat USA 2013）上，研究者演示了他们能够在 Verizon 飞蜂窝上获取观众志愿者的语音通话、短信甚至网络流量。Verizon 推出的飞蜂窝的这个漏洞已经得到了修补，但研究者希望向公司表明，无论怎样都应该避免使用这种设备。

有的版本的安卓会在你切换蜂窝网络时通知你，但 iPhone 不会。研究者道格·德佩里（Doug DePerry）解释说："你的手机会在你不知情的情况下连接到一个飞蜂窝。这和 Wi-Fi 不一样，你没有选择。"

Pwnie Express 公司生产了一种名叫 Pwn Pulse 的能够识别飞蜂窝的设备，该设备甚至还能识别 StingRay 等 IMSI 捕获器。它让公司能监控其周围的蜂窝网络。这种类型的工具可以检测存在潜在蜂窝威胁的整个频谱，曾经的主顾大多是执法部门，但现在可不是了。

会议系统，隐藏着巨大的风险

Skype 使用起来对用户很友好，但当涉及隐私时，就没那么友好了。据爱德华·斯诺登发表在《卫报》上的最早的揭露文章称，微软与 NSA 进行了合作，以确保 Skype 交谈可以被拦截和监控。一份文件称，一个名叫棱镜（Prism）的计划会监控 Skype 视频以及其他通信服务。《卫报》引述道："这些会话中的音频部分一直都会被正确地处理，但视频没有。现在，分析师将会有完整的'画面'。"

2013 年 3 月，新墨西哥大学的一位计算机科学研究生发现，TOM-Skype 会向 Skype 用户的每台机器上传关键词列表。TOM-Skype 是微软与中国公司 TOM 集团合作创建的中国版 Skype。TOM-Skype 还会向执法部门发送账号持有人的用户名、传输的时间和日期，以及用户是否发送或接收了消息的相关信息。[9]

研究者发现，甚至非常高端的视频会议系统也可能会被中间人攻击攻陷。中间人攻击是指信号在到达你的终端之前先被引导通过了另一个地方。对音频会议而言也是一样。除非会议主持人有已经拨入连接的号码的列表，并且除非他已经要求验证了任何可疑的号码（比如美国之外的区号），否则就没法证明或确定是否有未受邀请的一方加入了会议。会议主持人应该指出，任何新加入者如果无法证明自己的身份，就挂断这次通话并使用另一个电话会议号码。

　　假设你的办公室已经花了一大笔钱购买了一套非常昂贵的视频会议系统。你肯定认为这会比日常消费级的系统更加安全。那你可就错了。

　　研究者 H. D. 穆尔（H. D. Moore）在研究这些高端系统时发现，它们几乎全都默认自动接听呼入的视频通话。这种做法是有道理的。你安排了上午 10 点开会，那你就会希望参与者打进来。但是，这也意味着在一天中的其他某些时候，任何知道号码的人都可以拨入，然后真真切切地偷看一眼你的办公室。

　　穆尔写道："视频会议系统在风险投资和金融行业的普及程度为以任何意图进行商业间谍活动或获取不公平商业优势的攻击者带来了一小部分非常高价值的目标。"

　　找到这些系统的难度如何？会议系统使用了独特的 H.323 协议。穆尔只查找了一小部分互联网，就识别出了 25 万个使用该协议的系统。根据这个数字，他估计其中有少于 5 000 个系统配置了自动应答——占总体的一小部分，但这本身仍然是非常大的数字，而且还没算上互联网的其他部分。

　　入侵这样的系统能让攻击者得到什么？会议系统的摄像头处在用户的控制之下，所以远程攻击者可以向上、向下、向左或向右地调整它。在大多数案例中，这些摄像头并没有显示其已经开启的红灯，所以除非你一直看着摄像头，否则你可能就不知道某人动过它。摄像头也可以放大。穆尔说，他的研究团队可以读取贴在离摄像头 6 米远的墙上的 6 位数字密码，甚至还能跨过整个房间读取用户屏幕上的电子邮件。

　　下次你在办公室里的时候，考虑一下视频会议的摄像头能看到什么。也许部门的组织结构图就贴在墙上。也许你的台式机屏幕就正对着会议室摄像头。也许你的孩子和配偶的照片也能被看见。那就是远程攻击者可以看到的内容，而且可能会被用于对付你的公司甚至你个人。

　　有的系统供应商知道这个问题。比如，宝利通提供了很多页的强化

（安全增强）指南，甚至限制了其摄像头的位置调整。但是，IT 人员通常没有时间遵守这样的指导原则，甚至都不关心安全。互联网上有成千上万的会议系统都只启用了默认设置。

这些研究者还发现，企业防火墙不知道如何处理 H.323 协议。他们建议给该设备提供一个公共互联网地址，然后在企业防火墙内为其设置一个规则。

最大的风险是，很多会议系统的管理控制台都只有很少的内置的安全功能，也可能完全没有。在一个案例中，穆尔及其团队进入了一家法律公司的系统，里面有一家著名投资银行的董事会议室地址簿条目。事情的起因是，这些研究者在 eBay 上购买了一台二手的视频会议设备，设备到货时，它的硬盘上仍然有之前的数据——包括一个地址簿，上面列出了数十个私人号码，其中很多都设置成会自动接听来自广大互联网的呼叫。和对旧打印机和复印机的操作一样，如果你的设备里有硬盘，你需要在将其卖掉或捐赠出去之前安全地清空里面的数据。

在工作中，有时候我们的任务是与一位同事合作完成一个项目，而这位同事可能身在这个星球另一边。你们之间的文件可以通过企业电子邮箱共享，但有时候文件非常大，以至于电子邮件系统会直接拒绝，不接受它们作为附件。因此，人们已经越来越多地使用文件共享服务来互相发送大文件了。

这些基于云的服务有多安全？情况各有不同。

苹果的 iCloud、谷歌的 Drive、微软的 OneDrive（之前的 SkyDrive）和 Dropbox 这四大玩家全都提供了两步验证。这意味着为了确认你的身份，你会在你的移动设备上收到包含一个访问代码的带外短信[①]。而且尽管这 4 个服务在传输数据时都会加密，但如果你不希望这些公司或 NSA

---

① 　使用与普通数据不同的通道独立传送给用户的短信。——译者注

读取你的数据，就必须在发送之前加密这些数据。[10]

它们的相似之处就止于此了。

2FA很重要，但我还是可以通过劫持未被使用的账号来绕过它。举个例子，我最近做了一次渗透测试，其中，客户使用公开可用的工具为他们的VPN网站添加了谷歌的2FA。我渗透其中的方法是，获取一位没有注册使用该VPN入口的用户的活动目录（active directory）登录凭证。因为我先登录了该VPN服务，它就会提示我使用谷歌身份验证器设置2FA。如果该用户自己从不访问这个服务，那么攻击者就将继续保留访问权限。

对于静态数据，Dropbox使用的是256位AES加密（这是相当强大的）。但是，该公司保留了这些密钥，这可能会让Dropbox或执法部门未经授权访问你的文件。Drive和iCloud为静态数据使用了相当弱的128位加密。这里的担忧是，这些数据可能会被强大的计算能力解密。OneDrive则根本没使用加密，不禁让人怀疑这是不是有意为之，也许是因为某些执法部门的要求。

Drive已经引入了一种新的信息版权管理功能。除了使用谷歌Docs创建的文档、表格和幻灯片，Drive现在也接受PDF和其他文件格式。其中有用的功能包括禁用评论者和查阅者的下载、打印和复制功能。你也可以阻止任何人向一个共享文件添加其他人。当然，这些管理功能仅向文件的所有者提供。这意味着如果有人邀请你共享了一个文件，那么设置隐私限制的只能是那个人，而不是你。

微软也引入了一种为文件加密的功能，听起来就像一个使用自己的密钥单独为每个文件加密的功能。如果一个密钥泄露，也只有一个文件会受到影响，而不会影响到整个存档。但这不是默认设置，所以用户必须养成自己加密每一个文件的习惯。

总体而言，这似乎是个好的推荐。雇员和用户应该在将数据发送到云之前将其加密。这样你就保留了对密钥的控制。如果某个机构向苹果、谷歌、Dropbox 或微软提出要求，那么这些公司也没法提供帮助，因为你有个人的密钥。

你也可以选择一个与众不同的云服务提供商——SpiderOak。它提供了云存储的全部优势和同步能力，同时还有百分之百的数据隐私。SpiderOak 使用了双因素密码认证和 256 位 AES 加密来保护敏感的用户数据，这样可以保证这些文件和密码一直都是私密的。用户可以完全私密地存储和同步敏感信息，因为这个云服务对密码和数据绝对一无所知。

但大多数用户还将继续冒着风险使用其他服务。人们喜欢轻松便捷地从云上取用数据，执法部门也是如此。如果你的数据存储在某个桌子的抽屉里或者你的台式计算机上，它们就有《第四修正案》的保护；而使用云时你的数据就没有这样的保护，这是关于使用云的一个重大问题。令人不安的是，执法部门在越来越频繁地请求基于云的数据。而且它们也能相对轻松地获得访问权限，因为你上传到（不管是基于网络的电子邮件服务，还是 Drive 或 Shutterfly）网上的所有内容都会进入一个服务器，而这个服务器属于云服务提供商，而不是你。真正的保护措施是，了解某个人可以访问你放在上面的一切并据此采取行动——先加密一切。

The Art of Invisibility

智能出行，
有人正在窥探你的隐私 | 14

几年前，我有一次去哥伦比亚波哥大旅行后返回美国，抵达亚特兰大之后，我很快被两位美国海关特工带到了一个隐秘的房间。因为我之前被逮捕过，还在监狱里服刑过一段时间，所以比起一般人，我的慌张可能会稍微少一点。但这仍然让人不安。因为我没做任何坏事。我在那个房间里待了 4 个小时——比我未被逮捕而遭拘留的最大时限短 5 个小时。

当一位美国海关特工翻看我的护照，然后盯着屏幕时，麻烦开始了。"凯文，"这位特工露出一个灿烂的微笑说，"你猜怎么着？楼下有些人有话对你说。但不要担心。一切都很好。"

我当时去波哥大做了一次由《时代报》（El Tiempo）赞助的演讲。我也是去见一位当时是我女朋友的女人。当我在那个楼下的房间里等待时，我打给了我在波哥大的女朋友。她说哥伦比亚警方给她打过电话，要她允许搜查一个我放在联邦快递（FedEx）箱里的寄往美国的包裹。她说："他们发现了可卡因的痕迹。"但我知道，这不可能。

那个包裹里面有一个 2.5 英寸内部硬盘。显然，哥伦比亚或者美国当局想检查一下这个硬盘中的内容，而这个硬盘加密了。可卡因只是一个用来打开包裹的毫无说服力的借口。我再也没能拿回我的那个硬盘。

　　之后，我了解到警方撕开了那个箱子，拆开了那台电子设备，然后为了检查可卡因而试图通过在上面钻孔的方式打开它，结果毁掉了我的硬盘。他们本可以使用一种特殊的螺丝刀来打开这个硬盘。他们没有找到任何毒品。

　　与此同时，在亚特兰大，官员们打开了我的行李并找到了我的MacBook Pro、一台戴尔 XPS M1210 笔记本、一台华硕 900 笔记本、三四个硬盘、一些 USB 存储设备、一些蓝牙适配器、3 部 iPhone 和 4 部诺基亚手机（每一部都有自己的 SIM 卡，这样我就可以在不同国家演讲时避免漫游费了）。这些都是我工作中的标准工具。

　　另外，行李中还有我的开锁工具套件和一个可以读取和重放任何 HID 近傍型卡① 的克隆设备。后者可以放在存储卡的旁边，用来检索存储在这些卡上的凭证。比如说，我可以伪造某人的卡凭证并打开上锁的门，而不必制作出一张卡。我带着这些东西的原因是，我在波哥大做了一次关于安全的主题演讲。当然，海关特工们看到这些东西时眼睛就放光了，他们以为我干了其他什么事——比如扫描信用卡，而使用这些设备是不可能办到的。

　　最后，美国移民与海关执法局（ICE）的特工来了，并问我来亚特兰大的原因。我来这里是为了在一个由美国工业安全协会赞助的安全会议上主持一场小组讨论会。之后，参与这场小组讨论会的一位 FBI 特工确认了我这趟旅程的原因。

　　当我打开我的笔记本电脑并登录，向他们展示了确认我出席该小组讨论会的电子邮件之后，情况似乎变得更加糟糕了。

① 近傍型卡（proximity card）是一种以集成电路技术制作的非接触型电子设备，通常用于门禁系统或是感应卡上，也可以用来指那些使用 125 kHz 或 13.56 MHz 的非接触型 RFID 感应卡。——译者注

　　我的浏览器被设置成在启动时自动清空我的历史记录，所以当我启用它时，我被提醒清空我的历史记录。当我点击"确定"按钮清空了我的历史记录时，这些特工抓狂了。然后我就直接按下了电源按钮，关闭了我的MacBook，这样的话，没有我的 PGP 密码短语就无法访问我的硬盘了。

　　除非我遭到逮捕（但我被反复告知并未被逮捕），否则我应该就不必给出我的密码。就算我已经被捕，根据美国法律，从技术上讲我也不必给出我的密码，但这项权利是否得到保护取决于一个人愿意抗争多久。[1]而且不同的国家对此有不同的法律。比如，在英国和加拿大，当局可以强制你交出你的密码。

　　我在这里待了 4 小时后，ICE 和海关特工就让我走了。但是，如果NSA 这样的机构将我当成了目标，它们就很有可能成功搞清楚我硬盘中的内容。某些机构可以侵入你的计算机或手机中的固件，破坏你用来连接互联网的网络，并利用在你的设备中找到的各种漏洞。

　　我甚至可以去有更加严格规定的外国，都永远不会有在美国这样的问题——因为我在美国有犯罪记录。所以，你该如何带着敏感信息穿越国境呢？

　　如果你不想让你的硬盘提供任何敏感信息，你可以选择：

- 在旅行之前清空任何敏感数据，并且执行完整的备份。
- 将数据留在那里，但使用一个强密码进行加密（尽管有些国家可能会强制你交出密钥或密码）。不要把这个密码短语带在身上，也许可以将一半的密码短语交给一位美国之外的无法被强迫的朋友。
- 将加密后的数据上传到某个云服务，然后根据需要下载和上传。
- 使用 VeraCrypt 等免费产品在你的硬盘上创建一个隐藏的加密文件夹。同样，如果某个外国政府发现了这个隐藏文件夹，可能还是会强迫你交出密码。

● 不管什么时候，当你在你的设备上输入密码时，都要把自己和你的计算机遮盖起来以防止摄像头的监视，也许可以使用一件夹克或其他衣物。

● 在联邦快递或其他特卫强^①包装中的笔记本电脑和其他设备都要密封并且在上面签字，然后将其放在酒店房间的保险箱中。如果包装被人动过，你应该就能注意到。也要注意，酒店保险箱并不真正保险。你应该考虑买一个可以放在该保险箱中的照相设备。当某人打开这个保险箱时，它就会拍摄一张照片，并通过蜂窝网络实时发送给你。

● 最好的做法是不要冒任何风险。随时、随身携带你的设备，不要让它脱离你的视线。

　　根据美国公民自由联盟通过《信息自由法案》获得的档案，在 2008 年 10 月到 2010 年 6 月之间，有超过 6 500 个进入和离开美国的人在边境被搜查了电子设备。平均下来，每个月都有超过 300 次边境电子设备搜查。而且其中一半的旅行者都是美国公民。

　　很少有人知道这个事实：在离美国边境 100 航空里程的范围内（其中很可能包含圣迭戈），无需搜查令或合理的怀疑就可以搜查任何人的电子设备。不是说穿过了边境线就意味着你绝对安全了！

　　主要负责检查进入美国的旅行者和物品的两个政府机构是：美国国土安全部的海关和边境保护局（CBP）以及移民与海关执法局。2008 年，

---

① 特卫强（Tyvek）是美国杜邦公司于 1955 年开始研发的一种烯烃材料，由高密度聚乙烯纤维制成，可应用于结构建造、印刷、医药包装、防护服等产品，是一种新型应用材料。——译者注

国土安全部宣布它们可以搜查进入美国的任何电子设备，还引入了自己专有的自动目标核查系统（Automated Targeting System，简称 ATS）。它可以在你进行跨国旅行时创建一个关于你的即时个人档案——非常详细的档案。CBP 特工会根据你的 ATS 文件决定是否对重新进入美国的你进行一次更严格的搜查，这样的搜查有时候是侵入性的。

无须任何可能联想到不法之事的原因，美国政府就可以扣留你的电子设备、搜查所有文件并将其保留下来，以待进一步审查。CBP 特工可能会搜查你的设备、备份它的内容并尝试找回删掉的图像和视频。

所以我是这样做的。

为了保护我和我客户的隐私，我加密了我的笔记本电脑上的机密数据。当我身在外国时，我会通过互联网传输加密文件，这些文件保存在可能位于世界任何地方的安全服务器上。然后，在我回家之前，我会从计算机上真正清空它们，以防政府官员搜查或扣留我的设备。

清空（wipe）数据和删除（delete）数据不一样。删除数据只会改变文件的主引导记录条目（用于寻找文件在硬盘上各个部分的索引）；这个文件（或它的一些部分）仍然会留在硬盘上，直到硬盘的这部分写入了新的数据。这就是数字取证专家可以重建被删除的数据的方式。

清空数据则是使用随机数据安全地覆写这个文件的数据。在固态硬盘上，清空数据是非常困难的，所以我带了一台具有标准硬盘的笔记本电脑，并且至少要执行 35 次清空流程。在每一个流程中，文件粉碎软件都会在被删除的文件上覆写数百次随机数据，从而让任何人都难以恢复那些数据。

我过去常常在外接硬盘上创建我的设备的完全镜像备份并将其加密。然后我会将这个备份硬盘寄到美国。在某个同事收到该硬盘并且确认其仍然可读之前，我都不会清空我的终端上的数据。确认后我会安全地清空所有的个人和客户文件。我不会格式化整个硬盘，我会保持操作系统完整。这样的话，我被搜查过后，就可以更加容易地使用远程的方式恢复我的文件，而无须重新安装整个操作系统。

有了亚特兰大这段经历之后，我已经或多或少地改变了我的方案。我开始与一位业务同事保持我的所有旅行计算机的最新"克隆"。如有需要，我的同事就可以向在美国任何地方的我发送克隆的系统。

我的 iPhone 则是另外一回事。如果你曾经将你的 iPhone 连接到你的笔记本电脑上充电，而且当屏幕上显示关于"信任这台计算机"的问题时你点击了"信任"，那么该计算机上就会保存一个配对证书，使其无须知道密码就可以访问这部 iPhone 中的全部内容。只要同一台 iPhone 连接到该计算机，就会用到这个配对证书。

比如说，你将你的 iPhone 插入了另一个人的计算机并且"信任"了它，那么在该计算机和 iOS 设备之间就会创建一种信任关系，这允许该计算机无需密码就能读取 iPhone 中的照片、视频、短信、通话记录、WhatsApp 信息以及几乎其他所有内容。甚至更让人担忧的是，这个人可以直接制作一个你的整部手机的 iTunes 备份，除非你之前设置了一个加密 iTunes 备份的密码（这是个好主意）。如果你没设置这样的密码，攻击者就可以为你设置一个，并且在你不知情的情况下直接将你的移动设备备份到他的计算机上。

这意味着，如果执法部门想查看你用密码保护的 iPhone 上有什么内容，只需将你的手机连接到你的笔记本电脑上就能轻松实现，因为你的电脑里很可能有与该手机有效配对的证书。应该遵循的规则是：永远不要"信任这台计算机"，除非它是你的个人系统。如果你想撤销你的整个苹果设备配对证书，该怎么做呢？好在你可以重置你的苹果设备上的配对证书。[2] 如果你需要共享文件，而且你在使用苹果产品，那就使用 AirDrop。如果你需要给你的手机充电，那就将闪电（lightning）数据线插入你的系统或电源插座，不要插入别人的计算机。或者你也可以在 syncstop.com 上购买一个 USB 安全套（USB condom），这能让你安全地接入任何 USB 充电器或计算机。

要是你在旅行时只带着你的 iPhone，而没有带你的计算机呢？

我已经启用了我的 iPhone 上的 Touch ID，这样它就能识别我的指纹了。在进入任何国家的入境检查处之前，我都会重启我的 iPhone。而当它启动时，我故意不输入我的密码。即使我已经启用了 Touch ID，但在开机后第一次输入密码之前，这个功能都默认是禁用的。美国法院清楚地表明，执法部门不能要求你给出密码。在美国，传统意义上你不能被强迫给出言词证据（testimonial evidence），但是你可以被强迫交出保险箱的实体钥匙。也就是说，法院可以强制你提供解锁该设备的指纹。一个简单的解决方案是，重启你的手机。这样你的指纹就不会被启用，而且你也不必交出你的密码。

但在加拿大，有法律规定：如果你是加拿大公民，在有要求的情况下，你就必须提供你的密码。来自魁北克省圣安妮平原市（Sainte-Anne-des-Plaines）的阿兰·菲利蓬（Alain Philippon）就遇到过这种事。他当时正从多米尼加共和国的普拉塔港回家，在新斯科舍省，他拒绝向边境工作人员提供他手机的密码。根据加拿大《海关法》第 153.1(b) 条，他被指控妨碍边防官员办公。如果你被认定有罪，你将被处罚 1 000 美元，并面临最高 25 000 美元罚款和监禁一年的风险。

我亲身体验过加拿大的这条密码法律。2015 年时，我使用了一个类似优步的汽车服务将我从芝加哥带到多伦多（我不想在恶劣的雷暴天气中搭乘飞机）。从密歇根州越过边境线进入加拿大时，我们立即被送到了一个二级检查站。也许这是因为一个只有一张绿卡的中东男人在驾驶吧。我们一到达这个二级检查点，就进入了一个 CSI[①] 中出现过的场景。

[①]　*Crime Scene Investigation*，即《犯罪现场调查》。这是一部受欢迎的美国刑侦剧，描述了一个犯罪现场调查团队的故事。——译者注

一队海关特工确保我们将所有的东西都留在了车上，包括我们的手机。司机和我被分开了。一位特工走到车上司机那一边，并从手机支架上拿走了他的手机。这位特工要求司机给出了密码并开始检查他的手机。

我之前已经下定决心，决不给出我的密码。我当时认为自己必须在给出密码和被允许进入加拿大做我的工作之间做出选择。所以我决定使用一点社会工程。

我对那位正在搜查司机的手机的海关特工喊道："嘿，你不会搜查我的行李箱，对吧？它上锁了，所以你不能搜查。"这马上就引起了她的注意。她说她完全有权搜查我的行李箱。

我回答说："我把它锁上了，所以它不能被搜查。"

接下来，两位特工走向了我，要求我交出钥匙。我问他们为什么要搜查我的行李箱，然后他们再次解释，他们有权搜查一切。我拿出了我的钱包，并将我的行李箱钥匙交给了特工。

这就够了。他们完全忘记了手机，转而把注意力放在我的行李箱上。我通过误导实现了目标。我被放行了，而且幸好也没被要求给出我的手机密码。

当处在被审查的混乱中时，我们很容易分心。不要让自己成为受环境支配的受害者。当你通过任何安全检查点时，要确保你的笔记本电脑和电子设备放在传送带的最后。你一定不希望在某人挡在你前面插队时，你的笔记本电脑却待在传送带的另一端。另外，如果你需要离开排着的队，要确保带上你的笔记本电脑和电子设备。

不管我们在家享受着怎样的隐私保护，那都不一定适用于在美国边境的旅行者。对医生、律师和许多行业的专业人士而言，侵入式的边境搜查可能会损害敏感职业信息的隐私。这些信息可能包括商业秘密、律师－客户与医生－病人之间的通信、研究成果和业务战略，其中有些信息是旅行者有法律义务和合同义务去保护的。

对我们其他人而言，搜查我们的硬盘和移动设备可能会暴露电子邮件、健康信息甚至财务记录。如果你最近去过被认为对美国利益不友好的某些特定国家，就要注意，这可能会导致海关人员执行更多额外的审查。

很多公司在员工出国出差时，都会提供一次性手机和借用的笔记本电脑。在他们返回美国时，这些设备要么会被丢弃，要么就会被清空。但对我们大多数人来说，将加密的文件上传到云或购买新设备并在返回时丢弃并不是实际可行的选择。

一般而言，不要带着存有敏感信息的电子设备一起走，除非你不得不这么做。如果你这样做了，就只带最少的量。而如果你需要带上你的手机，就考虑在你出国期间使用一次性手机，尤其是因为在国外的语音和数据漫游费高得吓人。最好带上一部无锁的一次性手机，并在你访问的国家购买一张 SIM 卡。

你可能认为进出海关就是每次旅行中最大的噩梦了。但可能并非如此。你的酒店房间也可能会被搜查。

2008 年时，我去过哥伦比亚几次——不只是我被拦在亚特兰大那一次。在那一年年末的一次旅行过程中，我在波哥大的酒店房间遇到了一些怪事。而且这并不是一家有问题的酒店，这是哥伦比亚的官员经常住的酒店之一。

也许这就是问题所在。

当时我已经和我的女朋友外出吃晚餐去了，当我们回来，我插入我的房间钥匙时，门锁上显示出了黄灯——不是绿灯或红灯，而是黄灯，这通常说明门是从里面锁上的。

我下楼去前台，让店员给了我一张新钥匙卡。门锁再一次显示黄灯。我又换了一张卡，结果还是一样。第三次之后，我要求酒店派一个人和我一起上楼。门打开了。

房间内部乍一看没什么问题。实际上，那时候我认为整件事都是因为这个锁太差劲了。直到回到美国后，我才意识到当时发生了什么。

在离开美国之前，我曾给我的前女友达西·伍德（Darci Wood）打过电话，她曾经是 TechTV 的首席技术员。我让她来我这里更换我的 MacBook Pro 笔记本电脑的硬盘。那时候，MacBook Pro 的硬盘还很难移除，但她还是做到了。她在旧硬盘的位置放上了一个全新的硬盘，然后我将其格式化，并在上面安装了 OSX 操作系统。

几周之后，我结束了那次哥伦比亚之旅并返回，我又叫达西到我位于拉斯维加斯的住处将硬盘换回来。

她立刻就注意到有些东西不一样了。她说有人紧固过硬盘的螺丝，而且比她拧的紧得多。显然，某个人曾在波哥大动过这个硬盘，也许是为了在我离开房间时制作一个该硬盘的镜像副本。

斯特凡·埃瑟（Stefan Esser）最近也遇到了这种事，他是一位越狱 iOS 产品的著名研究者。他在 Twitter 上发了一张照片，显示他的硬盘被人拙劣地重新安装过。

即使是存有非常少量数据的硬盘，也会带有一些数据。幸好我使用了赛门铁克的 PGP 全磁盘加密（PGP Whole Disk Encryption）加密了我硬盘中的所有内容。（你也可以为 Windows 使用 WinMagic，或为 OSX 使用 FileVault 2。）所以除非那个窃贼得到密钥并解锁，否则我的硬盘的那个副本就毫无价值。正是因为我认为在波哥大发生了这种事，所以现在，我在旅行时都随身带着我的笔记本电脑，即使当我外出吃晚餐时，也是如此。如果必须将我的笔记本电脑放在一边，那我也永远不会让它处于休眠模式。相反，我会将其关机。如果我没有这样做，攻击者就可能会转存内存并获得我的 PGP 全磁盘加密密钥。所以我会将其完全关闭。

所有的软件都有漏洞

在本书开始时我谈到过，爱德华·斯诺登为了保证自己与劳拉·珀特阿斯的通信私密而采取了很多预防措施。然而，一旦斯诺登的秘密数据缓存准备好向公众发布时，他和珀特阿斯就需要一个保存这些数据的地方。最常见的操作系统（Windows、iOS、安卓以及 Linux）都带有漏洞。所有的软件都有漏洞。所以他们需要一个安全的操作系统，一个从一开始就加密并且需要密钥来解锁的操作系统。

硬盘加密的工作方式是这样的：当你启动你的计算机时，你要输入一个安全密码或 "We don't need no education"[①] 这样的密码短语。然后操作系统启动，你就可以存取你的文件并执行你的任务了，你不会注意到任何时间延迟，因为驱动器是以透明和即时的方式执行加密任务的。但是，如果你起身离开你的设备——即使只有一小会儿，某人也确实有可能会访问你的文件，因为它们已经解锁了。当你的加密硬盘解锁时，你需要采取预防措施保证它的安全，要记住，这很重要。一旦你关机，操作系统就不再具有该加密密钥了。也就是说，它直接从内存中移除了密钥，这样就无法再访问硬盘上的数据了。

Tails 是一款可以在任何现代计算机上启动的操作系统，能避免在硬盘上留下任何可以通过取证方式恢复的数据，这个硬盘最好还能设置写保护。[3]

将 Tails 下载到 DVD 或 U 盘上，然后为该 DVD 或 U 盘设置你的 BIOS 固件或 EFI（OSX）初始引导顺序，以便启动 Tails 发行版。当你启动时，它将会启动这个操作系统，其中带有多种隐私工具，包括 Tor 浏览器。这些隐私工具让你可以使用 PGP 加密电子邮件，加密你的 U 盘和

[①] 源自平克·弗洛伊德乐队的歌曲。——译者注

硬盘，并使用 OTR[①] 加密你的消息。

　　如果你想加密单个文件，而不是你的整个硬盘，你有几个选择。其中之一是选择使用免费的 TrueCrypt，这个软件虽然还能用，但不提供全磁盘加密。因为它已经没人维护了，所以新漏洞可能不会得到解决。如果你继续使用 TrueCrypt，就要当心这种风险。VeraCrypt 是 TrueCrypt 7.1a 的一种替代，它是 TrueCrypt 项目的延续。

　　另外，也有一些收费的程序。Windows BitLocker 显然就是其中之一，它通常不包含在家庭版的 Windows 操作系统中。如果安装了 BitLocker，启动的方法是打开文件资源管理器，右键点击 C 盘，然后滚动到"启用 BitLocker"选项。BitLocker 会使用你主板上的一块特殊芯片，这块芯片被称为可信平台模块（trusted platform module，简称 TPM）。它的功能是，在确认你的引导加载程序未被修改之后，解锁你的加密密钥。这是针对"邪恶女仆"（evil maid）攻击的完美防御手段，我稍后会介绍这种攻击。你可以将 BitLocker 设置为在你开机的时候解锁，也可设置为只有当你提供了 PIN 码或特定的 USB 设备之后才会解锁。后面这个选择要安全得多。你可以选择将这个密钥保存到你的微软账号中。但不要这么做，因为这样几乎就相当于将你的密钥交给了微软（而你将会看到，它可能已经有你的密钥了）。

　　BitLocker 存在一些问题。首先，它使用的是名为 Dual_EC_DRBG 的伪随机数生成器，这是"dual elliptic curve deterministic random bit generator"（双椭圆曲线确定性随机比特生成器）的缩写，其中可能包含了 NSA 的一个后门。[4]另外，它也是私有的，这就意味着"它是有效的且没有给 NSA 提供任何后门"的说法只是微软的一家之言——开源软件

---

① OTR，即 off-the-record messaging（无记录消息传输），是一种用于为即时通信提供加密保护的安全协议。——译者注

可能就不会出现这种情况。BitLocker 的另一个问题是，除非你用 250 美元购买了密钥，否则你就必须与微软共享密钥。不花钱购买的话，执法部门可能就会让微软交出密钥。

实际上，尽管有这些问题，电子前线基金会仍然推荐一般消费者使用 BitLocker 来保护自己的文件。然而，你也要知道，还存在一种绕过 BitLocker 的方法。

另一个商业选择是来自赛门铁克的 PGP 全磁盘加密。很多大学在使用这个方案，许多企业也在用。我过去也用过。PGP 全磁盘加密是由菲尔·齐默尔曼创造的，就是那个为电子邮件创造了 PGP 加密的男人。和 BitLocker 一样，PGP 现在也支持 TPM 芯片，以便在你启动你的个人电脑时提供额外的身份验证。一个永久许可的售价约为 200 美元。

另外还有 WinMagic，这是少有的几个需要双因素认证而不只是一个密码的选择之一。WinMagic 也不依赖于某个主密码。相反，用它加密的文件是分组的，而且每一组都有一个密码。这会让密码恢复更加困难，所以它可能并不适合每个人使用。

苹果则有 FileVault 2。在安装之后，你可以打开系统偏好设置，点击"安全和隐私"图表，然后切换 FileVault 选项卡来启用 FileVault 2。同样，不要将你的加密密钥保存到你的苹果账号中。这可能会让苹果公司读取到它，而苹果公司反过来又可能会将其交给执法部门。你应该选择"创建恢复密钥并且不要使用我的 iCloud 账号"，然后再将这个包含 24 个字符的密钥打印出来或抄写下来。保护好这个密钥，因为任何找到它的人都可以解锁你的硬盘。

如果你的 iPhone 或 iPad 上有 iOS 8 或更新版的操作系统，那么它的内容就是自动加密的。更进一步，苹果表示其密钥保存在设备上，在用户手里。这就意味着美国政府无法向苹果索要这个密钥：任何一台设备的密钥都是独特的。FBI 局长詹姆斯·科米（James Comey）声称，不可破解的加密最终不是件好事。他在一场演讲中说："经验丰富的罪犯将会依靠这些方式来逃避侦查。而我的问题是：这会有什么代价？"他们害怕加密会将坏事掩盖起来。

在 20 世纪 90 年代，同样的恐惧曾让我的案子拖延了几个月，我则被关在监狱里憔悴不已。我的法律辩护团队希望获取执法部门计划在审判时使用的对我不利的发现。但执法部门拒绝转交任何加密的文件，除非我提供加密密钥。我拒绝了。而因为我不愿向他们提供密钥，法院反过来又拒绝命令他们提供这些发现。

安卓设备从 3.0 版（蜂巢）开始也可以加密了。但我们大多数人都选择了不加密。从 5.0 版（棒棒糖）开始，加密存储器成了 Nexus 安卓手机产品线的默认设置，但在 LG、三星和其他制造商的手机上，它是可选项。如果你选择加密你的安卓手机，那要注意，这可能会花费长达一个小时的时间，而且你应该在这个过程中将设备插上电。据报道，加密你的移动设备并不会显著妨碍其性能，但一旦做了加密的决定，你就不能撤销了。

在所有这些全磁盘加密程序中，总有存在后门的可能性。曾经有一家公司聘请我测试一款 USB 产品，这款产品让用户可以将文件保存在一个加密的存储器中。在分析代码期间，我们发现，开发者在里面放入了一个秘密的后门——用来打开这个加密存储器的密钥被藏在该 USB 驱动器上的某个随机位置。这意味着任何知道这个密钥的位置的人都可以解锁这些被用户加密的数据。

更糟糕的是，公司并不总是知道如何应对这种信息。当我完成了对该加密 USB 设备的安全分析时，那家公司的 CEO 打电话问我，他是否应该留下这个后门。他担心执法部门或 NSA 可能会需要读取用户的数据。他竟然会这么问，这就能说明很多问题。

美国政府在其 2014 年的监听报告中说，在执法部门搜查过证据的

3 554 台设备中，仅有 25 台加密了存储器。而且他们仍然可以解密这 25 台设备中的 21 台。所以尽管加密往往足以防止一般的窃贼访问你的数据，但对目的明确的执法部门来说，这可能算不上什么大难题。

邪恶女仆

几年前，研究者乔安娜·鲁特科夫斯卡（Joanna Rutkowska）描写了她称之为"邪恶女仆"的攻击方法。假设某个人将一台已经关机的笔记本电脑留在了酒店房间里，而且这台电脑的硬盘已经使用了 TrueCrypt 或 PGP 全磁盘加密进行加密。（当时我在波哥大用的就是 PGP 全磁盘加密，我也将笔记本电脑关机了。）之后，某人进入这个房间，并在电脑上插入一个包含恶意引导加载程序的 U 盘。然后目标笔记本电脑必须从该 U 盘启动，以安装这个会窃取用户的密码短语的恶意引导加载程序。现在，陷阱已经设置好了。

女仆是做这种事的最佳候选人，因为她们可以频繁出入酒店房间而不会引起太多怀疑——这种攻击方式也由此得名。女仆可以在第二天再次进入几乎任何酒店房间，然后输入一段秘密的密钥组合，提取出秘密存储在其磁盘上的密码短语。现在，攻击者可以输入这个密码短语，然后取得你的所有文件的访问权限。

我不知道是否有人曾在波哥大对我的笔记本电脑做过这种事。我的硬盘被移除后又重新装回了原位，而且螺丝还拧得太紧了。不管怎样，幸运的是，那个硬盘里没有什么真正重要的信息。

　　把你的电子设备放进酒店保险箱又如何呢？这是不是就比将它们敞开放着或放在行李箱里更好呢？是更好，但好不了多少。在参加最近一次黑帽大会时，我住在拉斯维加斯的四季酒店。我在保险箱里放了4 000美元现金以及多张信用卡和支票。几天后，我尝试打开这个保险箱，但密码错误。我给保安打了电话，然后他们打开了它。我立刻注意到那沓100美元的钞票薄了很多。还剩下2 000美元。所以另外2 000美元哪儿去了？酒店保安不知道。我的一位专业从事物理渗透测试的朋友试图侵入这个保险箱，但没能成功。如今这仍然是一个谜。讽刺的是，这个保险箱的牌子是Safe Place[①]。

　　德国反病毒软件公司G DATA发现在其研究人员所住的酒店房间里，保险箱多半配置有默认密码（0000）。在这种情况下，不管你选择了什么个人密码，任何知道该默认密码的人都可以取得你放在保险箱里的贵重物品。G DATA确实也说过，这个信息并不是系统性地发现的，而是根据多年来的传闻发现的。

　　如果攻击者不知道一个给定酒店房间保险箱的默认密码，他的另一个选择是直接暴力解锁。尽管酒店经理被托付了一个紧急电子设备，可以插入保险箱的USB接口并打开它，但有经验的小偷可以直接拧下保险箱前面板的螺丝，然后使用某个数字设备来开启下面的锁。或者他可以使该保险箱短路并启动重置，然后输入一个新密码。

　　如果你不担心上面的问题，再看看这个。G DATA还发现，房间保险箱上的信用卡读卡器（通常就是你为了使用它们而付款的方式）可以被第三方读取，它们可以浏览这些信用卡数据，然后在互联网上使用或销售这些信息。

---

① 意为安全的地方。——译者注

保留你的房卡或者销毁它们！

现今的酒店都使用 NFC 或磁条刷卡来关闭和打开你房间的锁。这种做法的好处是，酒店可以在前台快速且轻松地修改这些访问码。如果你弄丢了你的卡，可以要求拿一张新的。然后会有一段简单的代码被发送到你房间的锁上，当你到达你的房间时，新的钥匙卡就生效了。萨米·卡姆卡尔的 MagSpoof 工具可以被用于伪造正确的序列，并打开使用磁条卡的酒店房间锁。电视剧《黑客军团》（*Mr. Robot*）中有一集就使用了这个工具。

磁条或 NFC 芯片的存在给人们带来了一种想法：个人信息也有可能被存储在了酒店钥匙卡上。实际上并没有。但都市传说还在继续，甚至还有一个源自圣迭戈县的著名故事。据说那里的一位县警发出了一个警告，说在一张酒店钥匙卡上发现了一位客人的姓名、家庭地址和信用卡信息。也许你已经看过这封电子邮件了。它的内容大概是：

> 加利福尼亚州南部被指派调查个人安全问题新威胁的执法人员最近发现，在酒店行业内广泛使用的信用卡形式的房间钥匙中嵌入了多种类型的信息。
>
> 尽管不同酒店的房间钥匙不一样，但从逸林连锁酒店取得的一个用于区域身份盗用演示的钥匙被发现包含以下信息：
> - 客户姓名；
> - 客户的部分家庭地址；
> - 酒店房间号；
> - 入住日期和离店日期；
> - 客户的信用卡号码和卡片有效期。
>
> 当你将它们交到前台时，你的个人信息就在那里，任何酒店员工都能直接通过在酒店扫描器上扫描这张卡而读取到。

某个员工可以带几张卡回家，使用一个扫描设备将其中的信息存储到一台笔记本电脑上，然后再用你的钱购物。

简而言之，在某位员工将这张卡发给下一位酒店顾客之前，酒店都不会擦除卡上的数据。它通常被保管在前台的柜子里，上面还有你的信息！！！

至少要做到：保留这些卡或者销毁它们！当你结账离开房间时，永远不要将它们抛在脑后，永远不要将它们交给前台。他们不会为一张卡而向你收费。[5]

这封电子邮件的真实性已经引起了广泛的争议。[6]老实说，在我看来，这像是胡说八道。

上面列出的信息当然可以存储在钥匙卡上，但那似乎太极端了，甚至连我都这么觉得。酒店为每位顾客都使用了一个可以被看作令牌的东西，也就是一个占位符号码。只有访问执行计费的后端计算机，才能将这个令牌与个人信息关联到一起。

我认为你不需要收集和销毁你的旧钥匙卡，但是，嘿——你可能还是会想这么做。

小心机票里的常旅客号码

另一个关于旅行和你的数据的常见问题是：你的飞机票底部的条形码中有什么信息？如果有，它又可能会暴露什么？实际情况是，里面只有相对很少的个人信息，除非你有一个常旅客号码（frequent flyer number）。

从 2005 年开始，国际航空运输协会决定使用条形码登机牌，原因很简单：磁条登机牌的维护费用要高得多。据估计，这种做法已经节省了

15 亿美元。更进一步，在机票上使用条形码可以让旅客从网上下载他们的机票并在家打印，或者他们也可以在检票入闸处使用手机。

这种流程上的改变需要某种形式的标准。据研究者肖恩·尤因（Shaun Ewing）称，典型的登机牌条形码包含的信息是基本上无害的——旅客姓名、航空公司名称、座位号、出发机场、到达机场和航班号。但是，条形码中最敏感的部分是你的常旅客号码。[7] 现在，所有的航空公司网站都使用了个人密码来保护客户的账号。虽然给出你的常旅客号码和给出你的社会保障号码不一样，但这仍然是一个隐私问题。

超市、药店、加油站和其他商店提供的会员卡是一个更大的隐私问题。和必须使用真实姓名的航空公司机票不同，会员卡可以使用虚假的姓名、地址和电话号码（一个你可以记住的假号码）进行注册，这样你的购买习惯就不会关联到你。

不透露个人信息连接酒店 Wi-Fi

当你住进酒店并打开了你的电脑时，你可能会看到一个可用 Wi-Fi 网络的列表，比如上面有 "Hotel Guest" "tmobile123" "Kimberley's iPhone" "attwifi" "Steve's Android" "Chuck's Hotspot"。应该连接哪一个呢？我希望你现在知道答案了！

大多数酒店 Wi-Fi 都没使用加密，但需要顾客的姓氏和房间号进行身份验证。当然，也有一些绕过付费墙① 的技巧。

---

① 付费墙（paywall）是为了保护收费内容，只供付费用户浏览而专门设置的付费门槛，当未付费用户点击收费内容链接时会弹出要求付费或验证的页面，这也被形象地称为"付费墙"。——译者注

　　一个在任何酒店都能获取免费网络的技巧是，假装成客房服务给任何其他房间打电话——比如打给过道对面那间。如果该酒店使用了来电显示，那就使用大厅里面的内线电话。告诉接听电话的人，她的两个汉堡正在路上。当这位房客说她没有下订单时，你就礼貌地询问她的姓氏以便解决这个问题。现在，房间号和姓氏都有了，这就是将你（非付费顾客）认证为该酒店的一位合规顾客的全部所需。

恶意"更新"的假冒网站

　　假设你住在一家带有互联网接入的五星级酒店，不管是否免费。在你登录时，你可能会看到一条信息——提醒你 Adobe（或其他一些软件制造商）有一个更新可用。作为一个互联网的好公民，你可能会试图下载这个更新，然后再继续。只是你仍然应该将这个酒店网络看作是有敌意的——即使它有一个密码。这不是你的家庭网络，所以这个更新可能并不是真的，而如果你继续点击并下载了它，可能就会疏忽大意地将恶意代码安装到你的个人电脑上。

　　如果你像我一样经常在路上，要不要更新是一个艰难的选择。除了验证确实有一个可用更新，你能做的事情很少。问题是，如果你使用酒店的网络来下载这个更新，你可能就会被引导至一个提供恶意"更新"的假冒网站。如果可以，应该使用你的移动设备从该供应商的网站上确定这个更新的存在；而如果这个更新不是非常重要，就等你回到安全环境（比如办公室或家里）中再下载它。[8]

　　软件安全公司卡巴斯基实验室（Kaspersky Lab）的研究者曾经发现，一个被他们称为 DarkHotel（也被称为 Tapaoux）的黑客犯罪团伙使用了这种技术。他们的运作方式是，先识别可能住在某家特定豪华酒店的企业高管，然后在其到达之前向该酒店的服务器植入恶意软件。当这些高管入住并连接上酒店的 Wi-Fi 时，这个恶意软件就会被下载到他们的设备上并执行任务。完成感染之后，这个恶意软件就会从该酒店服务器上被移除。这些研究者指出，显然这种事已经持续发生了近十年。

尽管它主要影响的是住在亚洲的豪华酒店中的高管，但在其他地方。可能也很常见。DarkHotel 一般针对大众目标使用低级的鱼叉式网络钓鱼攻击，这种酒店攻击则留给了身份显赫的特定目标——比如核电和国防工业的高管。

一份早期的分析认为，DarkHotel 的基地在韩国。因为这些攻击使用的一个键盘记录器的代码中包含韩语字符。而且零日漏洞（zero-day）[①]也是之前未知的非常先进的漏洞。此外，在该键盘记录器内被识别出的一个韩国人名也已经追溯到了韩国过去曾经用过的其他复杂键盘记录器。

但应该指出的是，这还不足以确定来源。软件可以剪切和粘贴自不同的来源。另外，软件也可以做得像是在某个国家创造的，实际上却是在另一个国家创造的。

为了将恶意软件装到那些笔记本电脑上，DarkHotel 使用了伪造的证书，它们看起来就像是由马来西亚政府和德国电信发行的。还记得第 5 章的内容吗？证书的作用是验证软件或网络服务器的来源。为了进一步掩盖他们做的事情，黑客们会进行一些安排，让这些恶意软件在开始活动之前可以保持长达 6 个月的休眠。这是为了避开那些可能会将一次访问和感染情况关联起来的 IT 部门。

当卡巴斯基的一些客户在亚洲某些特定豪华酒店住过并受到了感

---

① 指供应商还不知道的软件中的漏洞。——译者注

染之后，卡巴斯基才知道这种攻击。研究者向一家第三方 Wi-Fi 业主寻求帮助，然后这家 Wi-Fi 业主和卡巴斯基进行了合作，了解到酒店网络上发生过的事情。尽管用于感染那些顾客的文件已经消失很久了，但文件删除记录还留存着，这些记录与那些顾客的住店日期对应到了一起。

保护自己免受这种攻击的最简单方法是：只要你在酒店连接互联网，就立即连接一个 VPN 服务。我使用的 VPN 很便宜，每月仅需 6 美元。但如果你想隐身，这就不是一个好选择，因为它不允许匿名设置。

如果你想要隐身，就不要将你的真实信息交给 VPN 提供商。这需要事先设置一个假的电子邮箱地址，并且使用一个公开的无线网络。一旦你有了假电子邮箱地址，就使用 Tor 设置一个比特币钱包，找一个比特币 ATM 给这个钱包充值，然后使用混桶对这些比特币进行本质上是洗钱的操作，这样它就不能通过区块链追溯到你。这个洗币过程需要使用不同的 Tor 环路设置两个比特币钱包。第一个钱包用于将比特币发送给混桶服务，第二个则设置用来接收洗过之后的比特币。

一旦你在摄像头视野之外使用公开 Wi-Fi 加 Tor 实现了真正的匿名，就去寻找一个接受比特币作为付款方式的 VPN 服务吧。使用洗过的比特币进行付款。包括 WiTopia 在内的一些 VPN 提供商会屏蔽 Tor，所以你需要找一个不会屏蔽的——最好找一个不会记录连接日志的提供商。

在这种情况下，我们不要"信任"这个提供商，不要将真实的 IP 地址或姓名提供给它。但是，当使用一个新设置的 VPN 时，你必须当心，不要使用任何与你的真实姓名有关联的服务，也不要使用可以追溯到你的 IP 地址来连接该 VPN。你也许可以考虑连接一部匿名获取的一次性电话。

最好是购买一个便携式热点，并且要以一种非常难以确定你身份的方式购买。比如说，你可以雇某个人帮你买，这样你的脸就不会出现在商店的监控录像中。使用匿名热点时，你应该关闭所有使用蜂窝信号的你的个人设备，以防止出现你的个人设备与匿名设备在同一个地方注册的模式。

总结一下，为了在旅行时隐秘地使用互联网，你需要做到这些：

- 匿名地购买预付费礼品卡。在欧盟国家，你可以用 viabuy.com 匿名地购买预付费礼品卡。
- 在修改你的 MAC 地址之后使用开放 Wi-Fi。
- 寻找一家无需短信验证就能注册的电子邮箱提供商。或者你可以使用 Tor 和预付费礼品卡注册一个 Skype-in 号码，并使用 Skype-in 接收语音呼叫来验证你的身份。要确保你在摄像头的视野之外（不要在星巴克或其他带有监控摄像头的地方）。当你注册电子邮件服务时，要使用 Tor 来掩盖你的位置。
- 继续通过 Tor 使用你的新匿名电子邮箱地址在 paxful.com 等网站上注册，以便注册一个比特币钱包并购买比特币。使用预付费礼品卡为它们付费。
- 在关闭并建立了一个新的 Tor 环路之后，设置另一个匿名电子邮箱地址和另一个新的比特币钱包，以防止与第一个电子邮箱账号和钱包有任何关联。
- 使用 bitlaunder.com 等比特币洗币服务，使货币来源难以被追溯。将洗过的比特币发送到第二个比特币地址。
- 使用洗过的比特币注册一个不会记录流量或 IP 连接的 VPN 服务。你通常可以通过查阅 VPN 提供商（比如 TorGuard）的隐私政策来了解被记录的内容。
- 让一个中间人代替你去获取一个便携式热点设备。给这个中间人现金，让他去购买。

- 要访问互联网，就在远离你家、工作场所和你的其他蜂窝设备的地方使用这个便携式热点设备。
- 一旦开机，就通过该便携式热点设备连接到 VPN。
- 使用 Tor 浏览互联网。

第三部分

掌握隐身的艺术

The Art of Invisibility

无隐私时代， 每个人都无处遁形	**15**

旧金山公共图书馆格伦公园分馆的科幻小说区离罗斯·威廉·乌布利希（Ross William Ulbricht）的公寓不远，他当时正在这里为他所拥有的公司进行在线客户支持聊天。那是2013年10月，这场互联网聊天另一端的人当时认为自己在和该网站的管理员交谈；这位管理员使用了网名"恐怖海盗罗伯茨"（Dread Pirate Roberts），这个名字来自电影《公主新娘》（*The Princess Bride*）。罗伯茨也被称为 DPR，实际上就是罗斯·乌布利希——他不仅是 Silk Road 的管理员，也是其所有者。Silk Road 是一个网上毒品商场，因此也是 FBI 搜捕的对象。乌布利希经常使用图书馆等有公共 Wi-Fi 的地方进行他的工作，也许错误地认为 FBI（应该已经认定他就是 DPR）永远不会在公共场所执行抓捕行动。但在那一天，与乌布利希聊天的那个人正好是一位 FBI 卧底特工。

运营一家网上毒品商场需要一定的胆量，客户可以在这里匿名订购可卡因、海洛因以及各种各样的策划药①。这个网站托管在暗网上，只能通过 Tor 访问，而且只接受比特币支付。Silk Road 的创造者一直都很谨慎，但还不够谨慎。

在乌布利希坐在旧金山公共图书馆里、被 FBI 耍得团团转的几个月之前，与这次抓捕行动有关的一位不太可能的英雄出现了，他提供了将乌布利希与 DPR 关联到一起的证据。这位英雄是一位名叫加里·阿尔福德（Gary Alford）的美国国税局特工，他一直在阅读 Silk Road 及其来源的相关信息，而且在晚上的时候一直在做高级的谷歌搜索，以便看看他可以发现什么。他发现，提及 Silk Road 的最早线索之一出现在 2011 年。某个化名"altoid"的人在一个聊天组中谈到了它。因为那时候 Silk Road 还尚未推出，所以阿尔福德认为 altoid 很可能有关于其运营情况的内部信息。阿尔福德很自然地就开始搜索其他参考信息。

他撞了大运。

显然 altoid 还在另一个聊天组贴了一个问题——但已经删除了原始消息。阿尔福德翻到了一个对这个现已删除的问询的回应，其中就包含了那条原始消息。在那条消息中，altoid 说如果有人可以回答他的问题，那个人就可以通过 *rossulbricht@gmail.com* 联系他。

这不是 altoid 最后一次犯错。他还贴出了其他一些问题，其中之一出现在一家名叫 Stack Overflow 的网站上：这个原始问题是从 *rossulbricht@gmail.com* 发送的，但是之后发送者的名称被改成了 DPR，这非常引人注意。

关于隐身的规则 1：你永远不能将你的匿名网络身份与你的真实世

---

① 策划药（designer drug）是指对现有管制药物的分子结构中一些无关紧要的部分加以修饰，而得到的一系列与原来的药物结构不同、效果却差不多，甚至更强的"合法"药物。——译者注

界身份关联到一起。千万不要这么做。

　　在那之后，还有其他关联。乌布利希和 DPR 一样都支持罗恩·保罗（Ron Paul）的自由市场和自由主义哲学。乌布利希甚至还在某个时候订购了一些虚假的身份证件——来自各个州的使用不同名字的驾照。2013年 7 月，美国联邦当局来到了他家门口，但那时候当局还不知道他们正在和 DPR 说话。

　　慢慢地，积累的证据已经不可辩驳了，然后在 2013 年 10 月的一个早上，DPR 的客户支持聊天刚一开始，联邦特工就悄悄地进入格伦公园的这个图书馆。然后，在一次外科手术式的精准突袭中，特工们在他可以关闭他的笔记本电脑前逮捕了他。如果他成功关机，某些关键证据就会被销毁。按照当时的情况，他们在逮捕行动之后立刻拍摄了名为 Silk Road 的网站的系统管理界面照片，并由此将乌布利希、恐怖海盗罗伯茨和 Silk Road 确凿无疑地关联在了一起，因此也就终结了匿名的任何未来希望。

　　在那个早上，乌布利希以管理员的身份登录了 Silk Road。而且 FBI 知道这一点，因为他们已经观察到他的机器登录了互联网。但如果他伪造了自己的位置呢？要是他根本不在那家图书馆，而是使用了一个代理服务器，又会怎样呢？

一旦一个想法出现，任何人都可以去实践

　　2015 年夏季，Rhino Security 公司的研究者本·考迪尔（Ben Caudill）宣布，他不仅会在 DEF CON 23 上发表关于他的新设备 ProxyHam 的演讲，还将在 DEF CON 供应商房间内以大约 200 美元的售价出售它。然后，大约一周之后，考迪尔宣布他的演讲被取消了，而且所有已有的

ProxyHam 装置都会被销毁。他没有提供进一步的解释。

在重要安全会议上的演讲被撤下的原因有很多。产品正被讨论的公司或联邦政府都有可能给研究者施压，让他们不要公开。在这个案例中，考迪尔并不是找到了某个特定的漏洞，而是造了一些新东西。

关于互联网的一件有趣的事情是：一旦一个想法出现，它往往会留在那里。所以就算联邦官员或其他什么人说服了考迪尔，让他相信他的演讲不符合国家安全的利益，似乎其他人也很可能会创造出一种新设备。而且发生的事情也正是如此。

ProxyHam 是一种非常远程的接入点。使用它就像是在你的家里或办公室里放一个 Wi-Fi 发射器。只不过使用和控制 ProxyHam 的人可能在远达 1.6 公里之外。这种 Wi-Fi 发射器使用了 900MHz 的无线电来连接某台计算机上的天线适配器，而这台计算机最远可以与之相距 4 公里之遥。所以在罗斯·乌布利希的案例中，可能 FBI 集结在格伦公园的这个图书馆外面，但他却在几个街区外某人的地下室里洗钱。

如果你生活在一个受压迫的国家，那么你就会需要这样的设备。通过 Tor 联系外部世界需要冒很多风险。这种类型的设备可以通过掩盖请求者的地理位置来增加另一个安全层。

只是有人不想让考迪尔在 DEF CON 上谈论它。

考迪尔在接受采访时否认联邦通信委员会阻止了他。《连线》杂志猜测其原因是，根据美国严酷又模糊的《计算机欺诈和滥用法案》，在其他人的网络上秘密植入一个 ProxyHam 可能会被解读成未经授权的访问。考迪尔拒绝评论任何猜测。

正如我说过的那样，一旦一个思想出现，任何人都可以去实践它。所以安全研究者萨米·卡姆卡尔创造出了 ProxyGambit，这本质上就是一种替代 ProxyHam 的设备。[1] 只是它使用了反向蜂窝流量，也就意味着在使用它的时候，你不再只能待在该设备几公里的范围之内，而是可以在世界的另一边。太酷了！

当然，当攻击者决定使用 ProxyGambit 及类似的设备时，执法部门肯定会头疼。

真实身份无处隐藏

乌布利希的 Silk Road 是一个网上毒品商场。这不是你在谷歌上就能搜索到的东西；这不是可以轻易地进行索引和搜索的所谓的表层网络（Surface Web）上的东西。表层网络中包含了亚马逊和 YouTube 等我们熟悉的网站，但也只占到整个互联网的 5%。相比于实际存在的网站的数量，大多数人曾经访问过或知道的所有网站的数量其实微不足道。绝大部分互联网网站实际上都隐藏在大多数搜索引擎之外。

在表层网络之后，接下来是占互联网比例最大的一块，这被称为深网（Deep Web）。这是网络中被隐藏在密码权限之后的部分——比如旧金山公共图书馆格伦公园分馆的卡片目录的内容。深网也包含大多数仅限订阅的网站和企业内网网站，比如奈飞、Pandora 等。

最后，还有一部分小得多的互联网，被称为暗网（Dark Web）。这部分互联网不能通过普通的浏览器访问，也无法在谷歌、必应和雅虎等网站上搜索到。

暗网就是 Silk Road 的所在之处。类似这样的网站存在于暗网之中，因为那几乎是匿名的。我说"几乎是"是因为从来没有什么是真正匿名的。

访问暗网只能通过 Tor 浏览器实现。事实上，带有复杂的字母数字 URL 的暗网网站都是以 .onion 结尾的。正如我之前提到过的，由美国海军研究实验室创造的洋葱路由器给受压迫的人们提供了一种联系彼此和外部世界的方式。我也已经解释过，Tor 并不会将你的浏览器直接连接到网站；相反，它会建立一个到另一个服务器的链路，然后又会连接到另一个服务器，最后再到达目标站点。这种多跳会使得追溯操作的难度更大。而 Silk Road 这样的网站是 Tor 网络内部的隐藏服务（hidden service）的产物。它们的 URL 是由一个算法生成的，而且暗网网站列表会频繁地改变。Tor 既能访问表层网络，也能访问暗网。另一款暗网浏览器 I2P 也可以访问表层网络和暗网。

甚至在 Silk Road 关停之前，人们都在猜测 NSA 或其他机构有办法识别暗网上的用户的身份。NSA 可以采用的一种方法是，设立和控制所谓的出口节点，互联网请求会在这里被传递给某个隐藏服务，尽管这仍然无法识别出初始请求者的身份。

为了能够成功识别，某些机构的观察员就必须看到存在某个访问网站 X 的请求，而且几秒钟之前，某个在新罕布什尔州的人启动了 Tor 浏览器。这位观察员可能会猜测这两个事件是有关联的。随着时间推移，对该网站的访问和对 Tor 反复访问都差不多在同一时间出现，这种情况会形成一个模式。避免创造这种模式的一个方法是，始终保持你的 Tor 浏览器处于连接状态。

在乌布利希的案例中，他大意了。乌布利希显然在早期阶段没有制订计划。在他最早谈及 Silk Road 的讨论中，他交替地使用了他的真实电子邮箱地址和一个假名。

正如你所见，在当今世界，要在行动时不在互联网上某个地方留下你的真实身份是非常艰难的。但正如我在一开始就说过的那样，只要谨慎一点，你也可以捍卫隐私。接下来，我会告诉你该怎么做。

The Art of Invisibility

九个步骤，
成功实现匿名的实践指南

16

读完这些之后，你可能会思考以你的经验水平让自己在网上隐身会有多简单或多困难。或者你可能会问自己，你应该做到哪种程度，发布内容才是安全的。毕竟，你可能并没有什么国家机密要分享。但是，你可能正在一场法律纠纷中与你的前任做斗争。或者你可能和你的老板之间有分歧。你可能正在联系一个朋友，而他仍与有虐待倾向的家庭成员保持着联系。或者你可能想保持一些活动的私密，让某个律师无法看到。你有许多合理的理由，你需要匿名地与网上其他人通信或使用网络和其他技术，所以……

全面隐身实际需要采取什么步骤？这会用去多少时间？又会花掉多少钱？

如果到目前为止，我还没有非常直白地说清楚，那么为了在网上隐身，你或多或少需要创建一个单独的身份，一个与你完全没有关联的身份。这就是匿名的含义。当你没有匿名时，你必须严格地将你的生活和那个匿名身份分隔开。我的意思是，你需要购买一些仅在你匿名的时候使用的单独的设备。而这可能会很费钱。

比如，你可以使用你当前的笔记本电脑，并在你的桌面上创建一个所谓的虚拟机（virtual machine，简称 VM）。虚拟机是一种软件计算机。

它被包含在 VMware Fusion 等虚拟机应用中。你可以在虚拟机中加载一个授权的 Windows 10 副本，并告诉它你想要多少 RAM，以及你需要多少磁盘空间等。对在互联网的另一边观察你的某个人来说，这看起来就像是你在使用一台 Windows 10 电脑，即便实际上你使用的是一台 Mac。

专业的安全研究者一直使用虚拟机，并可以轻松地创建和销毁它们。但即使是专业人士，也面临着隐私泄露的风险。比如说，你可能在你的虚拟机版本的 Windows 10 中，因为某种原因登录了你的个人电子邮箱账号。现在，这个虚拟机就与你关联起来了。

匿名第一步：购买一台单独的笔记本电脑

所以匿名的第一步是，购买一台单独的笔记本电脑，并且你只会将其用于你的匿名网络活动。正如我们已经看到的，在你疏忽大意的纳秒之间（比如在这台机器上查阅你的个人电子邮箱账号），你的匿名性就终结了。所以我推荐获取一台低价位的 Windows 笔记本电脑（Linux 更好，但你要知道怎么使用）。我不推荐 MacBook Pro 的原因是它比 Windows 笔记本电脑贵太多了。

之前我曾推荐你购买另一台专门用于网上银行业务的笔记本电脑（具体而言是 Chromebook）。办理网上银行业务的另一个选择是使用 iPad。你必须使用你的电子邮箱地址、一张信用卡或购买 iTunes 礼品卡来注册一个 Apple ID。但因为这台设备仅用于你的安全的个人银行业务，所以隐身并不是它的目标。

如果你在这方面的目标是隐身，Chromebook 就不是最好的选择，因为你不能得到像使用 Windows 或 Ubuntu 等基于 Linux 的操作系统一样的灵活性。只要你跳过让你注册 Windows 账号的选项，Windows 10 就挺好的。无论如何，不要在你的电脑和微软之间创建任何关联。

你应该亲自使用现金购买新的笔记本电脑，而不是在网上买，这样才不会让购买事件轻易地追溯到你。记住，你的新笔记本电脑里面有一个带有独特 MAC 地址的无线网卡。你不希望任何人利用这个设备追溯到你——你的真实 MAC 地址可能在某个事件中以某种方式泄露了。比如说，你在一家星巴克店里打开了笔记本电脑，系统就会探测任何之前"连接过的"无线网络。如果这一区域有记录探测请求的监控设备，就可能会导致你的真实 MAC 地址暴露。一个问题是，如果你的网卡的 MAC 地址和你的电脑的序列号之间存在任何联系，某些机构就可能有办法追溯到你的笔记本电脑的购买事件。如果是这样，联邦官员只需要找到购买这台特定计算机的人是谁，就能确定你的身份，这可能没有那么困难。

你应该同时安装 Tails 和 Tor 并使用它们，而不是使用自带的操作系统和浏览器。

不要用你的真实身份登录任何网站或应用。你已经了解了在互联网上追踪人和计算机是多么容易，所以你知道其中的风险。正如我们讨论过的，用你的真实身份登录网站或账号是非常糟糕的——银行和其他网站经常使用设备指纹来尽可能地减少欺诈，而如果你曾经匿名地访问过同样的网站，那就会留下大量可以识别出你的计算机的痕迹。

事实上，你在家启动你的匿名笔记本电脑之前，最好关闭你的无线路由器。如果你连接到你的家庭路由器（假设你的服务提供商拥有并且管理着你家里的路由器），那么该提供商就能得到你的匿名笔记本电脑的 MAC 地址。最好的方法一直都是，购买你自己拥有完全控制权的家庭路由器，这样服务提供商才无法得到分配给你的本地网络上的计算机的 MAC 地址。服务提供商就只能看见你的路由器的 MAC 地址，这对你来说没什么风险。

你需要的是貌似合理的可否认性①。你需要为你的连接设置很多层代理，从而让调查者难以将它们与单个人关联在一起，更别说是你了。当我还是一个逃犯的时候，我犯了一个错误，在使用一个蜂窝手机调制解调器来掩盖我的实际位置时，我多次向 Netcom 的调制解调器拨号。因为我待在一个固定位置，所以一旦调查者知道了我的手机的数据连接正在使用哪个蜂窝塔，使用无线电测向技术找到我就是小菜一碟了。这让我的对手下村努（Tsutomu Shimomura）能够找到我的大概位置，并将其交给 FBI。[1]

这就意味着你永远不能在你的家里或工作场所使用你的匿名笔记本电脑。永远不要这么做。所以，获取一台笔记本电脑，并且保证永远不使用它来查阅你的个人电子邮件、社交网络，甚至当地的天气情况。[2]

匿名第二步：匿名购买一些礼品卡

另一个可以在网上追踪到你的方法是跟踪资金流动，这是一种经过证明的有效方法。你需要为一些东西付费，所以在将你的匿名笔记本电脑带出去并找到一个公开的无线网络之前，第一步是匿名地购买一些礼品卡。因为每家销售礼品卡的店里的柜员机或柜台处都很可能有监控摄像头，因此你必须格外小心谨慎。你不应该亲自去购买这些卡。你应该在街上雇一个随机选择的人去购买，你则在安全距离之外等候。

---

① 　貌似合理的可否认性（plausible deniability）是指在一个组织层级结构中，人们（通常是一个正式或非正式的指挥系统中的高级官员）否认对其他人进行的恶劣行为知情或负有责任的能力，因为缺乏证明他们参与的证据，即使他们亲自参与过，至少也可以故意假装对这些行动不知情。——译者注

　　但如何能做到这种事？就像我那样做，你可以在停车场里走向某人，然后说你的前任在那边那家店里工作而你不想面对她，或者提供一些其他的听起来貌似可信的借口。也许你可以补充说，她有一个针对你的禁令。为了 100 美元现金，某些人会觉得帮你买一次东西可能听上去非常合理。

　　现在我们已经找到了走进店里帮我们购买一些预付费卡的中间人，那么他应该购买什么卡呢？我推荐购买一些预付费的、预设置的 100 美元卡。不要购买任何可重复充值的信用卡，因为根据《爱国者法案》，你在激活它们的时候必须提供你的真实身份信息。这些购买需要你的真实姓名、地址、出生日期和社会保障号码，这些信息要和征信机构关于你的文件上的信息匹配。提供伪造的姓名或其他人的社会保障号码是违法的，而且可能也不值得冒这个险。我们是要尽力在网上隐身，而不是违法。

　　我推荐让中间人从连锁药店、7-11、沃尔玛或大卖场购买 Vanilla Visa 或 Vanilla MasterCard 100 美元礼品卡。它们往往作为礼品推出，可以像普通信用卡一样使用。你不必为这些卡提供任何身份信息。而且你可以使用现金匿名地购买它们。如果你住在欧盟国家，你应该可以使用 viabuy.com 匿名地购买一张实体信用卡。在欧洲，商家可以将这些卡通过邮局递送，取货则不需要 ID。我的理解是，他们会给你发送一个 PIN 码，而你可以使用这个 PIN 码匿名地打开取货箱并取走这些卡（假设那里没有摄像头）。

匿名第三步：连接 Wi-Fi 时修改你的 MAC 地址

　　所以，你可以在哪里使用你的新笔记本电脑和匿名购买的预付费礼品卡呢？

随着便宜的光存储设备出现，提供免费无线访问的企业可以将监控摄像头录像存储数年之久。调查者可以相对轻松地获取这些录像，并寻找潜在的嫌疑人。这些调查者可以分析在你访问期间的日志——搜索在其无线网络上验证过的与你的 MAC 地址匹配的 MAC 地址。所以，在你每次连接到一个免费的无线网络时，修改你的 MAC 地址很重要。你需要找一个靠近提供免费 Wi-Fi 的地方的位置，比如星巴克或其他提供免费无线接入的机构旁边的一家中式餐馆。要坐在靠近该服务提供商的墙的旁边。你可能会体验到连接速度稍微慢了一些，但你会有相对较好的匿名性（至少在这些调查者开始查看周围区域的所有监控录像之前）。

一旦你在该免费无线网络上进行了认证，你的 MAC 地址就很可能会被记录并保存下来。还记得大卫·彼得雷乌斯将军的情妇吗？记得她在酒店登记的时间和日期与她的 MAC 地址在这家酒店的网络上出现的时间和日期匹配吗？你可不想犯这样的错，从而危害你的匿名性。所以要记住，每次接入公共 Wi-Fi 时，都要修改你的 MAC 地址。

到目前为止，这看起来都很简单。你需要购买一台单独的笔记本电脑，并且只在上面进行你的匿名活动。你需要匿名地购买一些礼品卡。你需要找到一个可以从附近或邻近的地方接入的 Wi-Fi 网络，以避免被摄像头拍到。另外，你还需要在每次连接免费无线网络时修改你的 MAC 地址。

当然，要做的事情还有更多，远远更多。我们才刚刚开始。

匿名第四步：匿名购买一个个人热点

你可能还需要雇另一个中间人，这一次是为了购买一个更重要的东西：个人热点。正如我之前提到的那样，FBI 抓到我的原因是，我使用我的蜂窝手机和调制解调器拨号连接世界各地的系统，而因为我的手机连接的是同一座蜂窝塔，随着时间推移，我的固定位置就暴露了。因此，对方就可以轻松地使用无线电测向技术来确定收发器（我的手机）的位置。通过雇用某个人去一家 Verizon（或 AT&T、T-Mobile）店里购买一个让你可以使用蜂窝数据连接互联网的个人热点，你可以避免这种事发生。也就是说，你有自己的本地互联网接入，这样你就不必经由某个公共 Wi-Fi 网络连接互联网。最重要的是，当你需要维持你的匿名性时，永远不要在一个固定地点使用一个个人热点太长时间。

完美的情况是，你雇的那个人不会看到你的车牌号或任何可以识别你身份的方式。给那个人 200 美元现金购买热点，当他带着热点回来时，再给他另外 100 美元。移动运营商会向那个中间人出售一个不带身份识别信息的个人热点。而既然你已经在做这件事了，为什么不同时购买一些充值卡，以便增加更多数据呢？希望这个中间人不会带着你的钱逃跑，但为了匿名，冒这个险是值得的。之后，你可以使用比特币给这个一次性设备充值。

在你匿名地购买了一个便携式热点后，和那台笔记本电脑一样，你永远不要在家里开启这个设备，这是非常重要的。每次开启这个热点的时候，它都会在最近的蜂窝塔上注册。你一定不希望你的家、办公室或你常去的任何位置出现在该移动运营商的日志文件中。

也永远不要在你打开你的匿名笔记本电脑、一次性手机或匿名热点的地方打开你的个人手机或个人笔记本电脑。这种隔离是相当重要的。在之后的某个日期和时间，能将你和你的匿名身份关联到一起的任何记录都会让所有操作毁于一旦。

现在，有了预付费卡和带有预付费数据套餐的个人热点（这两者是由两个非常不同的人匿名购买的，这两个人没有任何关于你的信息，不能向警方说明你的身份），我们几乎就设置妥当了。是的，几乎。

匿名第五步：匿名创建电子邮箱

从现在起，使用 Tor 浏览器来创建和访问所有的网站账号，因为这会不断地改变你的 IP 地址。

初始步骤之一是，使用 Tor 设置几个匿名电子邮箱账号。这是罗斯·乌布利希疏忽大意、没有做的事情。正如我们在前一章看到的那样，他在暗网上进行他的 Silk Road 业务时，不止一次地使用了他的个人电子邮箱账号。恐怖海盗罗伯茨和罗斯·乌布利希之间无意中出现的这些交集，再次帮助调查者确认了这两个名字是与一个人有关联的。

为了防止滥用，大多数电子邮箱提供商（比如 Gmail、Hotmail、Outlook 和雅虎）都要求进行手机认证。这就意味着你必须提供你的手机号码，而且在注册过程中，有一条短信会立即发送到你的设备，以确认你的身份。

如果你用的是一次性手机，你仍然可以使用上面提到的那些商业服务。但是，你必须安全地获取一次性手机和任何充值卡——使用现金，通过一个无法追溯到你的第三方购买。另外，一旦你取得了一次性手机，就不能在靠近你拥有的其他任何蜂窝设备的地方使用它。再说一次：将你的个人手机放在家里。

为了在网上购买比特币，你至少需要两个匿名创建的电子邮箱地址和比特币钱包。所以，你该如何创建像爱德华·斯诺登和劳拉·珀特阿斯创建的那些电子邮箱地址一样的匿名电子邮箱地址呢？

在我的研究中，我发现可以使用 Tor 在 protonmail.com 和 tutanota.com 上创建电子邮箱账号，这两者都不会请求验证我的任何身份信息，也都不会要求我在设置时进行验证。你可以通过搜索电子邮箱提供商，并看它们在注册过程中是否需要你的手机号码来进行自己的研究，你也可以看它们需要多少信息才能创建新账号。fastmail.com 是另一个电子邮箱选择，它的功能没有 Gmail 那么丰富，但因为它是一个付费服务，所以不会挖掘用户的数据或展示广告。

所以现在，我们已经有了一台装载了 Tor 和 Tails 的笔记本电脑、一部一次性手机、一些匿名的预付费礼品卡，以及一个带有匿名购买的数据套餐的匿名热点。但我们仍然没有万事俱备。为了维持这种匿名性，我们需要将匿名购买的预付费礼品卡变成比特币。

匿名第六步：将礼品卡换成比特币，并进行清洗

我在第 6 章中谈论了比特币，这是一种虚拟货币。比特币本身并不是匿名的。它们可以通过所谓的区块链而追溯到购买源；而后续的所有购买行为也都可以被追溯。所以，比特币本身并不能掩盖你的身份。我们必须让资金通过一个匿名机制：将预付费礼品卡换成比特币，然后让这些比特币经过一个洗币服务。这个过程会让你得到经过匿名化的比特币，用于未来的支付。比如说，我们需要洗过的比特币来为我们的VPN 服务付费，并为我们的便携式热点或一次性手机购买未来的数据流量。

你可以使用 Tor 在 paxful.com 或其他比特币钱包网站上设置一个初始比特币钱包。一些网站中间商交易允许你使用预付费礼品卡购买比特币，比如我之前提到的那些预设置的 Vanilla Visa 和 Vanilla MasterCard 礼品卡。这种做法的缺点是，你需要为该服务支付至少 50% 的高额溢价。paxful.com 就像一个可以寻找比特币卖家的 eBay 拍卖网站，只连接你与买家和卖家。

匿名的成本显然很高。你在交易中提供的身份信息越少，你要付出的就越多。这是合情合理的：不验证你的身份就向你出售比特币的人冒

着巨大的风险。我曾经用匿名购买的 Vanilla Visa 礼品卡，以每 1.7 美元换 1 美元的比例购买过比特币，价格实在高得吓人，但对确保匿名性而言是必要的。

我提到过比特币本身并不是匿名的。比如说，会存在一个我使用特定的预付费礼品卡交换比特币的记录。调查人员可以通过我的比特币追溯到这些礼品卡。

但我们有办法清洗比特币，从而阻断它与我的任何关联。

洗钱一直以来都是罪犯做的事，最常见于贩毒活动中，但它也在白领金融犯罪中发挥作用。洗钱意味着掩盖资金的原始所有权，通常的做法是将钱转移出国，转到其他有严格隐私法律的国家的多家银行。事实证明，你也可以对虚拟货币做类似的事。

有一种被称为混桶的服务，可以将来自多个不同来源的比特币混合（tumble）在一起，这样得到的比特币保留了它的价值，却携带了许多所有者的痕迹。这会使得之后人们难以确定，某个特定的购买活动是由哪个所有者做出的。但你必须非常小心谨慎，因为这方面的骗局多如牛毛。

我碰过运气。我在网上发现了一个洗币服务，会从交易中收取额外的费用。我实际上已经得到了我需要的等值比特币。但想想看这个情况：这个洗币服务现在知道我的一个匿名电子邮箱地址和在该交易中使用的两个比特币地址。所以为了进一步混淆，我将这些比特币又发送到了另一个比特币钱包，这个钱包是通过一个新的 Tor 环路设置的，在我和我想访问的网站之间建立了新的跳。现在，这个交易已经彻底模糊不清了，让人非常难以顺藤摸瓜地发现这两个比特币地址是同一个人所有。当然，这个比特币洗币服务可以提供这两个比特币地址，从而与第三方合作。这就是安全地购买预付费礼品卡如此重要的原因。

在使用礼品卡购买了比特币之后，记得要安全地处理这些塑料卡片，不要丢在你家的垃圾桶里。我推荐使用可用于塑料卡片的粉碎型碎纸机，然后将这些碎屑丢到远离你家或办公室的某个随机的垃圾桶里。一旦你收到了洗过的比特币，你就可以注册一个以你的隐私优先的 VPN 服务。当你试图匿名的时候，最好的策略就是，不要相信任何 VPN 提供商，尤其是那些宣称不会保留任何日志的提供商。如果执法部门或 NSA 与它们联系，它们仍有可能会供出关于你的细节。

比如说，我无法想象任何不会排查自己网络中的故障的 VPN 提供商。而故障排查需要保留一些日志，比如可用于将客户与其原始 IP 地址匹配起来的连接日志。

所以，即使是最好的提供商也不能信任，因此我们要用洗过的比特币通过 Tor 浏览器来购买 VPN 服务。我建议查阅一下各家提供商的服务条款和隐私政策，并找到其中看起来最好的那个。你没法找到完美匹配你的需求的 VPN，只能找一个相对好的。要记住，为了维护你的匿名性，你不能信任任何提供商。你必须自己维护自己的匿名性，并且要明白，单单一个错误就足以让你的真实身份暴露。

现在，你有了一台单独的笔记本电脑，上面同时运行着 Tor 和 Tails，并且连接到了一个匿名购买的热点，用着洗过的比特币购买的 VPN 服务，此外，你还有甚至更多洗过的比特币供应，那么你就已经完成了最简单的部分——设置。这会花掉你几百美元，也许是 500 美元，但其中所有部分都已经随机化了，所以他人无法轻易将其和你关联起来。现在，进入困难的部分——维持匿名。

匿名第七步：如果匿名性受损，那就再匿名一次

如果你在家使用了匿名热点，或者在使用你的匿名身份的实际位置打开了你的个人手机、平板电脑或其他任何与你的真实身份相关联的蜂

窝设备，那么我们刚刚完成的所有设置和过程都会在一瞬间失去价值。你只要失误一次，取证调查者就可以通过分析蜂窝提供商的日志，知道你曾出现在某个位置。如果你的蜂窝设备总是在同一时间注册到同一手机基站，那么这种匿名接入就会呈现出某种模式，可能会导致你的真实身份被揭露出来。

我已经给出过一些这种情况的例子了。

现在，如果你的匿名性已经受损，而你决定进行另一个匿名活动，那么你可能就需要再一次完成这个流程——在你的匿名笔记本电脑上清空数据并重新安装操作系统，创建另一套匿名电子邮箱账号和比特币钱包，以及购买另一个匿名热点。爱德华·斯诺登和劳拉·珀特阿斯两人原本都已经有匿名的电子邮箱账号了，但他们还是设置了另外的账号，以专门用于彼此之间的通信。只有当你怀疑你原本已经建立的匿名性受损时，这种做法才有必要。如果没必要，那你可以通过匿名的热点和VPN 来使用 Tor 浏览器（在建立了一个新的 Tor 环路之后），用一个不同的身份访问互联网。

当然，在这些建议中，选择遵循多少由你自己决定。

匿名第八步：随机改变你的正常打字节奏

即使你遵循了我的建议，另一端的某个人仍然有可能识别出你。他是如何办到的？通过你打字的方式。

人们在写电子邮件或评论社交媒体帖子时会选择特定的词，关注这方面的研究相当多。通过检查这些词，研究者往往可以识别出你的性别和种族。但除此之外，他们不能做到更加具体了。

或者他们可以？

在第二次世界大战期间，英国政府在全国各地设立了一些监听站，来截听来自德国军方的信号。让盟军解码这些消息的进展来得迟了一点——在政府密码学校（Government Code and Cypher School）所在的布莱切利园，德国的恩尼格玛（Enigma）密码被成功破解。早些时候，在布莱切利园截听德国电报消息的人可以根据点和画之间的距离，识别出一个发送者的某些特征。比如，他们可以识别出何时出现了一个新的电报操作员，甚至还开始给这些操作员起名字。

简简单单的点和画如何揭示出了它们背后的人？

是这样的，发送者按下一个键和再次按下这个键的时间间隔是可以测量出来的。这种区分方法之后被称为"发报人之拳"（Fist of the Sender）。不同的莫尔斯电码按键操作员可以根据他们独特的"拳头"而被识别出来。电报本身并不是为这个目的设计的（谁关心发送消息的人是谁；消息是什么才重要），但在这个案例中，独特的按键方式是一个有趣的副产品。

今天，随着数字技术的发展，电子设备可以测量出每个人在计算机键盘上的按键方式的纳米级差异——不仅是给定一个键被按下的时间长度，还有接下来一个键按下的速度。它可以区分普通打字的人和看着键盘打字的人。将其与人们的词汇选择结合到一起，就可以揭示出很多有关一场匿名通信的信息。

如果你已经完成了匿名化你的 IP 地址的麻烦的步骤，那么问题就会出现在这里。网络另一边的网站仍然可以识别你——不是因为某些技术上的东西，而是因为某些人类独有的东西。这也被称为行为分析（behavioral analysis）。

假设某个使用 Tor 匿名化的网站决定追踪你的按键档案。也许它背后的人是恶意的，目的就是了解更多有关你的信息。或者他们也许正在与执法部门合作。

很多金融机构已经在使用按键分析来进一步验证账号持有人的身份了。这样就算某个人确实拿到了你的用户名和密码，他也没法伪造你的打字节奏。当你需要在网上进行身份验证时，这是很可靠的。但如果你不想呢？

因为部署按键分析非常简单，这很让人不安，所以研究者佩尔·索尔谢姆（Per Thorsheim）和保罗·穆尔（Paul Moore）创造了一个名叫Keyboard Privacy 的 Chrome 浏览器插件。这个插件会缓存你的个人按键，然后以不同的时间间隔将它们放出来。其中的思想是，为你的正常按键节奏加入随机性，从而在网络上实现匿名。这个插件也许能进一步掩盖你的匿名互联网活动。

匿名第九步：时刻保持警惕

我们已经看到了，让你的真实生活和你在网上的匿名生活之间保持隔离是可能的，但这需要时刻保持警惕。我在上一章中谈论了一些隐身失败的显著案例。那都是一些亮眼的，但持续时间很短的隐身尝试。

在罗斯·乌布利希的案例中，他没有真正谨慎地计划自己的替代身份，还偶尔使用他的真实电子邮箱地址，而不是匿名的电子邮箱地址，尤其是在开始的时候。通过使用谷歌高级搜索，一位调查者成功地将足够多的碎片信息组合到一起，从而揭露出 Silk Road 的神秘所有者。

那么爱德华·斯诺登和其他像他一样担心自己被一个或更多机构监视的人呢？比如说，斯诺登有一个 Twitter 账号。和其他相当多从事隐私工作的人一样——我还可以怎样让他们参与到网上进行的这轮大信息量的对话呢？有几种可能的情况，或许可以解释这些人是如何保持"隐身"的。

　　他们并未受到主动监控。也许执法部门或其他机构确切地知道它的目标在哪里却并不关心。在这种情况下，如果这些目标不违法，谁又能说他们没在某些时候放松自己的警惕呢？他们可能宣称仅使用 Tor 处理他们的匿名电子邮件，但也可能会使用这个账号在奈飞上购买节目。

　　他们正遭受监视，但无法被逮捕。我认为这可能就正好描述了斯诺登的情况。他有可能在某个时候、在他的匿名性上犯了个小错误，现在，他不管去哪里都被密切地跟踪着——只是他住在俄罗斯。俄罗斯没什么真正的理由去逮捕他，并将他遣返回美国。

　　你注意到我说了"犯了个小错误"：除非你对细节有惊人的关注，否则真的很难过两种生活。我知道。我就经历过。当通过一个蜂窝手机网络访问计算机时，我放松了警惕，使用了一个固定位置。

　　安全行业有一个真理：只要时间和资源足够，一个坚持不懈的攻击者终会成功。当我在测试我的客户的安全控制时，我就总能成功。你为试图实现自己的匿名而做的所有事情，实际上是在设置很多障碍，从而让攻击者放弃，并转向另外的目标。

　　我们大多数人只需要隐藏一小段时间。为了避免外出的老板将你解雇；为了避免前任的律师找到某些或任何可以利用的对你不利的东西；为了避开那些在社交网络上看到你的照片后决定骚扰你的可怕的跟踪狂。不管你隐身的原因是什么，我已经列出的步骤将在相当长的时间内帮助你摆脱困境。

　　在当今的数字世界中，匿名需要大量工作和持续不断的警惕。每个人对匿名的需求都不一样——你需要保护你的密码，让私密文件不被你的同事看到吗？你需要躲避一个正在跟踪你的粉丝吗？如果你是一位举报人，你需要躲避执法部门吗？

　　你的个人需求决定了你需要采取的必要步骤，以便维持你想要的匿名水平——从设置强密码和意识到你的办公室打印机可能对你不利，一直到完成这里给出的详细步骤，从而让取证调查者极难发现你的真实身份。

但总体而言，我们全都可以了解到一些东西，从而帮助我们最小化我们在数字世界中的痕迹。在将背景中可以看到家庭地址的照片发布出去之前，在我们的社交媒体资料上提供真实的生日和其他个人信息之前，在不使用 HTTPS Everywhere 扩展浏览互联网之前，在没使用 Signal 这样的端到端加密工具拨打机密电话或发送短信之前，在不使用 OTR 而通过 AOL、MSN Messenger 或 Google Talk 向一位医生发送消息之前，在不使用 PGP 或 GPG 发送机密电子邮件之前，我们都要考虑一下。

我们可以积极主动地思考我们的信息，并且认识到，即使我们对正在做的事情感觉良好——分享照片、忘记修改默认登录名和密码、使用工作手机处理个人消息或为我们的孩子设立 Facebook 账号，我们所做的决定实际上也将影响终身。所以我们需要行动起来。

这本书的内容关于如何在保持在线的同时，维护我们珍贵的隐私。每个人（从对技术束手无策的人到专业的安全专家）都应该采取实际行动，掌握这门每天都在变得更为重要的技艺：隐身的艺术。

致谢

　　这本书献给我慈爱的母亲谢莉·贾菲和我的外婆里芭·瓦塔尼安，她们在我的一生中为我牺牲了很多。不管我的境况如何，我的母亲和外婆总是支持着我，尤其是在我需要帮助的时候。如果没有我的美好家庭，这本书将不可能写成。在我的一生中，我的家人给了我非常多无条件的爱和支持。

　　2013 年 4 月 15 日，我的母亲在与肺癌进行了长时间的斗争后去世。在那之前，她经历了多年的艰辛，付出了很大的努力来应对化疗的影响。现代医学使用了这些糟糕的治疗方法来对抗这些类型的癌症之后，她就没过过几天好日子。通常病人只有非常短的时间——在他们被疾病击败之前只有几个月。尽管她在打这场可怕的战争，但能够在这段时间里陪伴着她让我感到非常幸运。我很高兴由这样一位慈爱且甘于奉献的母亲抚养长大，我也认为她是我最好的朋友。我的母亲是一位出色的女性，我非常想念她。

　　2012 年 3 月 7 日，我的外婆在拉斯维加斯的旭日医院（Sunrise Hospital）接受治疗时意外去世。我们一家当时都正期待着她回家，但这永远不会发生了。在外婆去世前的几年，因为我的母亲与癌症的斗争，外婆的内心一直处在悲伤之中。我非常想念她，我多么希望她能看到我的成就。

　　我希望这本书能慰藉母亲和外婆的心，并且让她们为我正在帮助保护人们的隐私权而感到骄傲自豪。

　　真希望我的父亲艾伦·米特尼克（Alan Mitnick）和我的兄弟亚当·米特尼克（Adam Mitnick）仍然健在，能在这个间谍和监视活动已成常态的时代和我一起庆祝这本关于隐身的重要的书的出版。

　　我有幸能与安全和隐私专家罗伯特·瓦摩西合作编写此书。罗伯特在安全方面有着丰富知识，而且也拥有出色的写作技能——他能够查找有吸引力的故事，研究这些主题，使用由我提供的信息并以一种任何非技术人员都能理解的风格和方式将其写出来。我必须向他脱帽致敬，他为这个项目做了大量艰辛的工作。说实话，没有他，我不能完成。

　　我非常想感谢那些代表了我的专业职业并以非凡的方式为之奉献的人。我的文学经纪人是 LaunchBooks 公司的大卫·福格特（David Fugate），他谈妥了这本书的合同并担任了与出版商利特尔 & 布朗出版社（Little, Brown）之间的联络人。"隐身的艺术"这个概念是由 121 Minds 公司的约翰·拉弗斯（John Rafuse）创造的，他是我的演讲和代言业务的经纪人，他也为我的公司做着战略业务开发的工作。约翰自己主动地向我提出了这个迷人的写书提议，还大致描绘了封面。他强烈建议我写作这本书以帮助全世界的人，让人们了解如何保护自己的个人隐私权免受"老大哥"和大数据的侵犯。约翰是个很棒的人。

　　我很高兴能有机会与利特尔 & 布朗出版社合作开发这个激动人心的项目。我要感谢我的编辑约翰·帕斯里（John Parsley），他为这个项目付出了艰辛的工作并提供了很棒的建议。谢谢你，帕斯里。

我要感谢我的朋友和 F-Secure 的首席研究官米科·海坡能，他花费了宝贵的时间为本书写序。米科是一位备受尊敬的安全和隐私专家，专注恶意软件研究已经超过 25 年。

我还要感谢 F-Secure 的托米·托米宁（Tomi Tuominen），他在百忙之中抽出时间对本书原稿进行技术审校，帮助寻找任何错误和任何可能被忽视的细节。

前言 我们生活在隐私的假象之中

1. 斯诺登在获准去俄罗斯生活之前先去了中国香港
地区。之后，他就在申请去巴西或其他国家生
活，而且也不排除在接受公正审判的前提下返回
美国的可能。

01 双因素认证，化解密码安全的危机

1. http://www.wired.com/2014/09/eppb-icloud/.

2. http://www.openwall.com/john/.

3. http://www.mercurynews.com/california/
ci_26793089/warrant-chp-officer-says-
stealing-nude-photos-from.

4. http://www.knoxnews.com/news/local/official-
explains-placing-david-kernell-at-ky-facility-
ep-406501153-358133611.html.

5. http://www.wired.com/2008/09/palin-e-
mail-ha/.

6. http://fusion.net/story/62076/mothers-maiden-name-security-question/.

02　匿名电子邮箱，逃离监控之网

1. Mailvelope 与 Outlook、Gmail、Yahoo Mail 和其他一些基于网页的电子邮件服务都有合作。

2. 要在你的 Gmail 账号上查看元数据，选择一条消息，打开它，然后点击该消息右上角处向下的箭头图标。在这些选项（"回复""回复全部""转发"等）中选择"显示原始邮件"。在 Apple Mail 中，选择一条消息，然后选择"查看 > 消息 > 所有标题"。在雅虎中，点击"更多"，然后选择"查看完整标题"。其他邮件程序的选项类似。

3. https://immersion.media.mit.edu/.

4. http://www.npr.org/2013/06/13/191226106/fisa-court-appears-to-be-rubberstamp-for-government-requests.

5. 你可以在谷歌搜索窗口中输入"IP Address"来查看你在发出该请求时的 IP 地址。

6. http://www.wired.com/threatlevel/2014/01/tormail/.

7. 要在树莓派上搭建 Tor 盒，你可以使用 Portal 这类工具。

8. http://www.newyorker.com/magazine/2007/02/19/the-kona-files.

9. 再次强调，不使用谷歌或其他大型电子邮箱提供商可能是最好的，我在这里使用是为了方便进行说明。

03　加密通话，免受手机窃听与攻击

1. 在安卓设备上，你可以选择不与交通服务共享你的个人数据。进入"设置 > 搜索和现在 > 账号和隐私 > 交通信息共享"。苹果没有提供类似的服务，但未来的 iOS 版本也许能帮助你基于你的手机在给定时刻

的位置来规划行程。

2. 你实际上可以通过这部手机本身购买你要使用的充值卡。最好用比特币购买。

3. http://www.latimes.com/local/la-me-pellicano5mar05-story.html#navtype=storygallery.

4. https://www.hollywoodreporter.com/thr-esq/anthony-pellicanos-prison-sentence-vacated-817558.

5. http://www.cryptophone.de/en/products/landline/.

6. http://spectrum.ieee.org/telecom/security/the-athens-affair.

04　短信加密，预防信息泄密

1. http://caselaw.findlaw.com/wa-supreme-court/1658742.html.

2. http://www.wired.com/2015/08/know-nsa-atts-spying-pact/.

3. http://espn.go.com/nfl/story/_/id/13570716/tom-brady-new-england-patriots-wins-appeal-nfl-deflategate.

4. DES 被破解的部分原因是它只对数据加密一次。AES 使用了三层加密，因此要强大得多，甚至与比特的数量无关。

5. Diskreet 已经不再可用。

6. http://www.wired.com/2007/05/always_two_ther/.

7. https://otr.cypherpunks.ca/.

05　关闭同步，伪造你的一切踪迹

1. https://www.techdirt.com/articles/20150606/16191831259/according-to-government-clearing-your-browser-history-is-felony.shtml.

2. https://www.eff.org/https-everywhere%20.

3. http://www.tekrevue.com/safari-sync-browser-history/.

4. http://www.fastcompany.com/3026698/inside-duckduckgo-googles-tiniest-fiercest-competitor.

06　清除痕迹，逃离网络追踪

1. https://timlibert.me/pdf/Libert-2015-Health_Privacy_on_Web.pdf.

2. 在本书写作时进行的一个非正式测试表明：在返回"足癣"的结果时，Chrome 上的 Ghostery 插件会屏蔽来自梅奥诊所的合作伙伴的多达 21 个请求，以及来自 WebMD 的合作伙伴的 12 个请求。

3. https://noscript.net/.

4. 这里的"邮筒箱"是指 UPS Store 这样的商业邮筒设施，尽管很多都需要一张有照片的身份证明才能获取。

5. http://www.wired.com/2014/10/verizons-perma-cookie/.

6. http://www.verizonwireless.com/support/unique-identifer-header-faqs/.

7. http://www.brighthub.com/computing/smb-security/articles/59530.aspx.

8. https://github.com/samyk/evercookie.

9. https://facebook.adblockplus.me/.

10. https://zephoria.com/top-15-valuable-facebook-statistics/.

11. https://www.technologyreview.com/s/538731/how-ads-follow-you-from-phone-to-desktop-to-tablet/.

07　制胜网络勒索，层层加密与终极对抗

1. BitTorrent 是一个用于电影的流媒体视频服务，其中一些是由非版权持有者来源提供的。

2. 另外还有基本服务集（BSS），它提供了 802.11 无线 LAN（局域网）

的基本构建模块。每个 BSS 或 ESS（扩展服务集）都可以被服务集
标识符（SSID）识别。

3. http://www.techspot.com/guides/287-default-router-ip-addresses/.

4. http://www.routeripaddress.com/.

5. 使用被称为 Wireshark 的渗透测试工具，可以轻松地找到已授权设备
的 MAC 地址。

6. https://www.pwnieexpress.com/blog/wps-cracking-with-reaver.

7. http://www.wired.com/2010/10/webcam-spy-settlement/.

8. http://www.wired.com/2010/01/operation-aurora/.

08　虚拟安全通道，化解公共网络之痛

1. 需要重点指出，并不是全世界所有地方的公共 Wi-Fi 都是开放的。比
如在新加坡，在你所处的酒店外或麦当劳餐厅里使用公共 Wi-Fi 需要
注册登记。本地人必须要有一个新加坡电话号码，旅客则必须将他们
的护照出示给当地主管部门之后才能获得批准。

2. https://www.wired.com/2012/11/gmail-location-data-petraeus/.

3. http://www.howtogeek.com/192173/how-and-why-to-change- your-
mac-address-on-windows-linux-and-mac/?PageSpeed=noscript.

09　社交网络时代，隐私正在消亡

1. http://www.wired.com/2012/12/ff-john-mcafees-last-stand/.

2. https://threatpost.com/how-facebook-and-facial-recognition-are-
creating-minority-report-style-privacy-meltdown-080511/75514.

3. Robert Vamosi, *When Gadgets Betray Us: The Dark Side of Our
Infatuation with New Technologies*（New York: Basic Books, 2011）.

4. http://www.informationweek.com/software/social/5-ways-

snapchat-violated-your-privacy-security/d/d-id/1251175.

5. http://fusion.net/story/192877/teens-face-criminal-charges-for-taking-keeping-naked-photos-of-themselves/.

6. http://fusion.net/story/141446/a-little-known-yelp-setting-tells-businesses-your-gender-age-and-hometown/?utm_source=rss&utm_medium=feed&utm_campaign=/author/kashmir-hill/feed/.

7. 在 iPhone 上，进入"设置 > 隐私 > 定位服务"，你可以在此看到你的所有可以感知位置的应用。比如，你可以单独禁用 Facebook Messenger 应用的地理位置定位。滚动到"Facebook Messenger"并确保其定位服务设置成"永不"。在安卓设备上，打开 Facebook Messenger 应用，点击右上角的"设置"图标（形状像个齿轮），滚动到"新消息默认包含你的位置"，然后取消选中。在安卓设备上，你通常必须分别禁用各个应用的定位（如果提供了这个选择的话）；没有一次性适用于全部应用的设置。

8. https://blog.lookout.com/blog/2016/08/25/trident-pegasus/.

10 人工智能时代，监视无处不在

1. http://www.zeit.de/datenschutz/malte-spitz-data-retention.

2. http://fusion.net/story/177721/phone-location-tracking-google-feds/?utm_source=rss&utm_medium=feed&utm_campaign=/author/kashmir-hill/feed/.

3. http://fusion.net/story/119745/in-the-future-your-insurance-company- will-know-when-youre-having-sex/?utm_source=rss&utm_medium=feed&utm_campaign=/author/kashmir-hill/feed/.

4. http://www.engadget.com/2015/06/28/fitbit-data-used-by-police/.

5. https://www.faa.gov/uas/media/Part_107_Summary.pdf.

6. https://www.faa.gov/uas/where_to_fly/b4ufly/.

7. http://fusion.net/story/154199/facial-recognition-no-rules/?utm_
source=rss&utm_medium=feed&utm_campaign=/author/kashmir-
hill/feed/.

11　智能联网汽车，随时锁定你的位置

1. http://www.wired.com/2015/07/hackers-remotely-kill-jeep-highway/.

2. 这很愚蠢。只是禁止某些事情，并不意味着这些事情不会发生。而且
这可能会造成被入侵的汽车危险驾驶。汽车的零日漏洞，没人懂吗？

3. http://www.theregister.co.uk/2015/06/22/epic_uber_ftc/.

4. https://www.uber.com/legal/usa/privacy.

5. http://fortune.com/2015/06/23/uber-privacy-epic-ftc/.

6. 你可以走进某个交通局的办公室，并要求用现金购买一张 NFC 卡，
但这需要额外的时间，而且无疑会导致他们劝说你将银行卡或信用卡
与这张卡绑定。

7. 其中的 5 个来源是路易斯安那州的圣坦曼尼县警长办公室、杰斐逊县
警长办公室、肯纳市警察局；佛罗里达州的海厄利亚市警察局和南加
州大学的公共安全系。

8. http://www.teslamotors.com/blog/most-peculiar-test-drive.

9. https://grahamcluley.com/2013/07/volkswagen-security-flaws/.

10. https://grahamcluley.com/2015/07/land-rover-cars-bug/.

12　智能家居，织就私生活的监控之网

1. http://www.amazon.com/review/R3IMEYJFO6YWHD.

2. http://www.dhanjani.com/blog/2013/08/hacking-lightbulbs.html.

3. http://www.wired.com/2009/11/baby-monitor/.

4. http://mashable.com/2012/05/29/sensory-galaxy-s-iii/.

5. 也许最简单的方法是打开亚马逊 Echo 应用，进入你的设置，然后进入"历史记录 > 点击单个记录 > 删除"。

6. 在亚马逊上登录你的账号，然后在"账号设置"中点击"你的设备 > 亚马逊 Echo> 删除"。

7. www.shodan.io.

13　智能办公系统，最容易泄露信息

1. http://theweek.com/articles/564263/rise-workplace-spying.

2. https://olin.wustl.edu/docs/Faculty/Pierce_Cleaning_House.pdf.

3. http://harpers.org/archive/2015/03/the-spy-who-fired-me/.

4. https://room362.com/post/2016/snagging-creds-from-locked-machines/.

5. 文档元数据通常是隐藏的。你可以通过点击"文件 > 信息"，然后查看窗口右侧的属性来看到你的文档所包含的元数据。

6. 如果你要使用文档检查器，首先给你的文档做个备份，因为做出的修改无法撤销。在你原始文档的副本上，点击"文件"选项，然后点击"信息"。在"准备共享"下点击"检查问题"，然后点击"检查文档"。在文档检查器对话框中，选择你想要检查的内容的勾选框。点击"检查"。在文档检查器对话框中查看检查的结果。点击检查结果旁边的"全部删除"，去掉你希望从你的文档中删除的各种隐藏内容。

7. http://www.wired.com/2014/08/gyroscope-listening-hack/.

8. http://samy.pl/keysweeper/.

9. http://www.computerworld.com/article/2474090/data-privacy/new-snowden-revelation-shows-skype-may-be-privacy-s-biggest-enemy.html.

10. 比如 https://www.boxcryptor.com/en.

14　智能出行，有人正在窥探你的隐私

1. 这是一次边境搜查，而且和逮捕并不真正相关。美国法院尚未确定嫌疑人是否必须交出他们的密码——到本书出版时还没有。但是，一家法院已经裁定，可以强制嫌疑人使用 Touch ID（指纹）授权他的 iPhone。为了消除这种风险，你在任何国家经过海关时，都要重启你的 iPhone 和其他带有 Touch ID 的苹果设备，并且不要输入你的密码。只要你不输入你的密码，Touch ID 就不会工作。

2. 在 iOS 8 或更新版本的 iOS 系统中，你可以进入"设置 > 通用 > 还原 > 还原位置与隐私或还原网络设置"重置你的所有配对关系。研究者乔纳森·扎德尔斯基已经就这一主题发表了许多博客文章。这些指导超出了本书的范围。

3. http://www.kanguru.com/storage-accessories/kanguru-ss3.shtml.

4. https://www.schneier.com/blog/archives/2007/11/the_strange_sto. html.

5. http://www.snopes.com/crime/warnings/hotelkey.asp.

6. http://www.themarysue.com/hotel-key-myth/.

7. 联合航空显然是少数几家只提供部分常旅客号码的航空公司之一。大多数其他航空公司确实会把全部数字放进条形码里。

8. http://www.wired.com/2014/11/darkhotel-malware/.

15　无隐私时代，每个人都无处遁形

1. https://samy.pl/proxygambit/.

16 九个步骤，成功实现匿名的实践指南

1. 不只如此。甚至在 FBI 确定了我的公寓楼之后，他们也不知道我在哪里。一天晚上我外出的时候，情况才发生改变。这个故事可以在我的书《线上幽灵》中找到。

2. Weather Underground 这样的网站会在 URL 中放上访问者的经纬度。

未来，属于终身学习者

我这辈子遇到的聪明人（来自各行各业的聪明人）没有不每天阅读的——没有，一个都没有。巴菲特读书之多，我读书之多，可能会让你感到吃惊。孩子们都笑话我。他们觉得我是一本长了两条腿的书。

——查理·芒格

互联网改变了信息连接的方式；指数型技术在迅速颠覆着现有的商业世界；人工智能已经开始抢占人类的工作岗位……

未来，到底需要什么样的人才？

改变命运唯一的策略是你要变成终身学习者。未来世界将不再需要单一的技能型人才，而是需要具备完善的知识结构、极强逻辑思考力和高感知力的复合型人才。优秀的人往往通过阅读建立足够强大的抽象思维能力，获得异于众人的思考和整合能力。未来，将属于终身学习者！而阅读必定和终身学习形影不离。

很多人读书，追求的是干货，寻求的是立刻行之有效的解决方案。其实这是一种留在舒适区的阅读方法。在这个充满不确定性的年代，答案不会简单地出现在书里，因为生活根本就没有标准确切的答案，你也不能期望过去的经验能解决未来的问题。

湛庐阅读APP：与最聪明的人共同进化

有人常常把成本支出的焦点放在书价上，把读完一本书当作阅读的终结。其实不然。

时间是读者付出的最大阅读成本

怎么读是读者面临的最大阅读障碍

"读书破万卷"不仅仅在"万"，更重要的是在"破"！

现在，我们构建了全新的 "湛庐阅读"APP。它将成为你"破万卷"的新居所。在这里：

- 不用考虑读什么，你可以便捷找到纸书、有声书和各种声音产品；
- 你可以学会怎么读，你将发现集泛读、通读、精读于一体的阅读解决方案；
- 你会与作者、译者、专家、推荐人和阅读教练相遇，他们是优质思想的发源地；
- 你会与优秀的读者和终身学习者为伍，他们对阅读和学习有着持久的热情和源源不绝的内驱力。

从单一到复合，从知道到精通，从理解到创造，湛庐希望建立一个"与最聪明的人共同进化"的社区，成为人类先进思想交汇的聚集地，与你共同迎接未来。

与此同时，我们希望能够重新定义你的学习场景，让你随时随地收获有内容、有价值的思想，通过阅读实现终身学习。这是我们的使命和价值。

湛庐阅读APP玩转指南

湛庐阅读APP结构图：

三步玩转湛庐阅读APP：

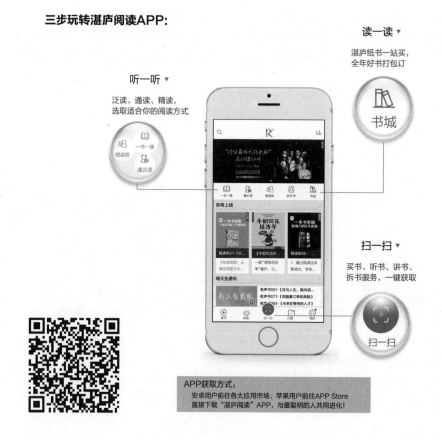

读一读 ▾

湛庐纸书一站买，
全年好书打包订

书城

听一听 ▾

泛读、通读、精读，
选取适合你的阅读方式

扫一扫 ▾

买书、听书、讲书、
拆书服务，一键获取

扫一扫

APP获取方式：
安卓用户前往各大应用市场、苹果用户前往APP Store
直接下载"湛庐阅读"APP，与最聪明的人共同进化！

使用APP扫一扫功能，
遇见书里书外更大的世界！

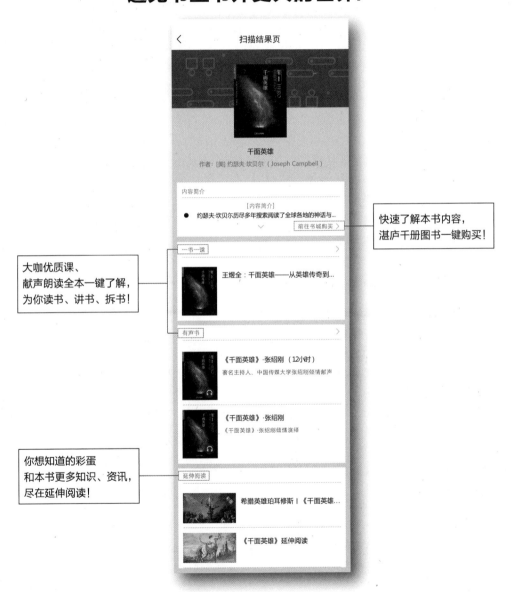

大咖优质课、
献声朗读全本一键了解，
为你读书、讲书、拆书！

快速了解本书内容，
湛庐千册图书一键购买！

你想知道的彩蛋
和本书更多知识、资讯，
尽在延伸阅读！

《生命 3.0》

◎ 麻省理工学院物理系终身教授、未来生命研究所创始人迈克斯·泰格马克重磅新作，引爆硅谷，全球瞩目。与人工智能相伴，人类将迎来什么样的未来？

◎ 长踞亚马逊图书畅销榜。霍金、埃隆·马斯克、雷·库兹韦尔、王小川一致好评；万维钢、余晨倾情作序；《科学》《自然》两大著名期刊罕见推荐！

《人工智能时代》

◎ 当机器人霸占了你的工作，你该怎么办？机器人犯罪，谁才该负责？人工智能时代，人类价值如何重新定义？

◎ 人工智能时代领军人、硅谷最传奇的连续创业者杰瑞·卡普兰重磅新作！《经济学人》2015 年度图书。

◎ 拥抱人工智能时代必读之作，引爆人机共生新生态。

《数据的本质》

◎ 阿里巴巴集团前副总裁，红杉资本中国基金专家合伙人，现象级畅销书《决战大数据》作者车品觉重磅新作。

◎ 未来没有一家公司，不是数据公司。未来没有一个人，不是分析师。智能商业时代，人人必读！

◎ 大数据下半场，谁参透数据的本质，谁就能破局称王。经过十几年的数据分析研究，车品觉内化出数据的四大核心本质，很有借鉴意义。

《决战大数据》

◎ 大数据实践的先行者、阿里巴巴集团副总裁、数据委员会会长车品觉首部个人专著！

◎ 继《大数据时代》之后聚焦中国大数据实践的重磅之作，引领"大数据实践"风潮：《决战大数据》为数据人拨开大数据时代的层层迷雾，对数据化运营和运营数据的热点问题做了详细的解答，为现代商业的发展提供了数据应用的前瞻性建议和商业新范本。

图书在版编目（CIP）数据

捍卫隐私 /（美）凯文·米特尼克，罗伯特·瓦摩西著；
吴攀译 . — 杭州：浙江人民出版社，2019.9
书名原文：The Art of Invisibility
ISBN 978-7-213-09414-9

Ⅰ . ①捍⋯　Ⅱ . ①凯⋯ ②罗⋯ ③吴⋯　Ⅲ . ①互联网络
—个人信息—隐私权—网络安全—数据保护—基本知识　Ⅳ .
① TP393.083

中国版本图书馆 CIP 数据核字（2019）第 175957 号

浙江省版权局
著作权合同登记章
图字：11–2019–183 号

上架指导：科技趋势

捍卫隐私

［美］凯文·米特尼克　罗伯特·瓦摩西　著
吴　攀　译

出版发行：浙江人民出版社（杭州体育场路 347 号　邮编　310006）
　　　　　市场部电话：（0571）85061682　85176516
集团网址：浙江出版联合集团　http://www.zjcb.com
责任编辑：方　程
责任校对：杨　帆
印　　刷：唐山富达印务有限公司
开　　本：710mm×965mm 1/16　　　印　　张：20.75
字　　数：249 千字
版　　次：2019 年 9 月第 1 版　　　印　　次：2019 年 9 月第 1 次印刷
书　　号：ISBN 978-7-213-09414-9
定　　价：89.90 元